ISW 6

Berichte aus dem Institut für Steuerungstechnik
der Werkzeugmaschinen und Fertigungseinrichtungen
der Universität Stuttgart

Herausgegeben von Prof. Dr.-Ing. G. Stute

B. Karl

Die Automatisierung der Fertigungsvorbereitung durch NC-Programmierung

Springer-Verlag
Berlin · Heidelberg · New York 1972

Mit 44 Abbildungen

ISBN-13: 978-3-540-05913-4 e-ISBN-13: 978-3-642-80696-4
DOI: 10.1007/ 978-3-642-80696-4

Library of Congress Catalog Card Number 72-86111

Vorwort des Herausgebers

Das Institut für Steuerungstechnik der Werkzeugmaschinen und Fertigungseinrichtungen der Universität Stuttgart befaßt sich mit den neuen Entwicklungen der Werkzeugmaschine und anderen Fertigungseinrichtungen, die insbesondere durch den erhöhten Anteil der Steuerungstechnik an den Gesamtanlagen gekennzeichnet sind. Dabei stehen die numerisch gesteuerte Werkzeugmaschine in Programmierung, Steuerung, Konstruktion und Arbeitseinsatz sowie die vermehrte Verwendung des Digitalrechners in Konstruktion und Fertigung im Vordergrund des Interesses.

Im Rahmen dieser Buchreihe sollen in zwangloser Folge drei bis fünf Berichte pro Jahr erscheinen, in welchen über einzelne Forschungsarbeiten berichtet wird. Vorzugsweise kommen hierbei Forschungsergebnisse, Dissertationen, Vorlesungsmanuskripte und Seminarausarbeitungen zur Veröffentlichung.

Diese Berichte sollen dem in der Praxis stehenden Ingenieur zur Weiterbildung dienen und helfen, Aufgaben auf diesem Gebiet der Steuerungstechnik zu lösen. Der Studierende kann mit diesen Berichten sein Wissen vertiefen.

Unter dem Gesichtspunkt einer schnellen und kostengünstigen Drucklegung wird auf besondere Ausstattung verzichtet und die Buchreihe im Fotodruck hergestellt.

Der Herausgeber dankt dem Springer-Verlag für Hinweise zur äußeren Gestaltung und Übernahme des Buchvertriebs.

Stuttgart, im Februar 1972

Gottfried Stute

Vorwort

Die vorliegende Arbeit entstand während meiner Tätigkeit als wissenschaftlicher Mitarbeiter und wissenschaftlicher Assistent am Institut für Steuerungstechnik der Werkzeugmaschinen und Fertigungseinrichtungen der Universität Stuttgart.

Herrn Prof. Dr.-Ing. G. Stute, dem Leiter des Instituts, bin ich für seine wohlwollende Unterstützung und für die wertvollen Anregungen während des Entstehens dieser Arbeit zu großem Dank verpflichtet.

Herrn Prof. Dipl.-Ing. K. Tuffentsammer möchte ich für die eingehende Durchsicht der Arbeit und die sich daraus ergebenden Anregungen vielmals danken.

Mein Dank gilt auch allen Mitarbeitern des Instituts, deren kritische Hinweise eine große Hilfe waren. Dieser Dank gilt besonders Herrn Dr.-Ing. A. Storr.

Bernhard Karl

Inhaltsverzeichnis

1. Einleitung 17

2. Problemanalyse 21

2.1. Stand der Technik 21

2.2. Konsequenzen für eine Weiterentwicklung 24

2.3. Bedeutung der vorgeschlagenen Verfahren 29

3. NC-Programmierung 30

3.1. Übersicht zum Kapitel NC-Programmierung 30

3.2. Werkstück-Beschreibungsverfahren 35

3.2.1. Allgemeines 35
3.2.2. Geometrischer Grundbaustein 36
3.2.3. Geometrisch-technologische Angaben 39
3.2.4. Technologische Angaben im Beschreibungssystem 46
3.2.5. Exekutivanweisungen 49

3.3. Interpretativer-geometrischer Funktionsblock 51

3.4. Technologischer Funktionsblock 52

3.4.1. Übersicht 52
3.4.2. Arbeitsablaufermittlung (Schnittaufteilung) 54
3.4.2.1. Aufgabenabgrenzung 54
3.4.2.2. Verfahrensbeschreibung 56
3.4.3. Startpunktbestimmung, Positionierung 59
3.4.3.1. Startpunktbestimmung 59
3.4.3.2. Positionierung 62
3.4.4. Bahnzerlegung 65
3.4.5. Schnittwertbestimmung ACCSIM 82

3.5. Postprocessor Funktionsblock 86

3.5.1. Allgemeiner Funktionsunterblock 86
3.5.2. Spezielle Funktionsunterblöcke 87
3.5.2.1. Achumschaltung CHACOR 88

4. Systemarbeiten 96

4.1. Übersicht 96

4.2. Datei-Verwaltungsprogramme 96

4.3. Macro-Bibliothek 97
4.3.1. Forderungen an die Macro-Programmiertechnik 97
4.3.2. Macro-'file'-Erstellung und -Update 98

5. Graphische Darstellung beim Rechnereinsatz GEAK 102

5.1. Problemstellung 102

5.2. Vorteile des GEAK-Verfahrens 102

5.3. Anwendungsbeschreibung 104

5.3.1. Projektion 104
5.3.2. Maßstab, Nullpunktverschiebung 105
5.3.3. Auflösungsgenauigkeit 106
5.3.4. Ausgabegeschwindigkeit 107
5.3.5. Speicherbedarf 107

5.4. Beispiele 108

5.5. Andere Anwendungsgebiete 111

6. Rechnerimplementierung 112

6.1. Problemstellung 112

6.2. Optimierung 113

6.2.1. Optimierung bezüglich Rechenzeit 114
6.2.2. Optimierung bezüglich Kernspeicher 114
6.2.3. Speicherplatzorganisation 114

6.3. Weitere Gesichtspunkte 118

6.3.1. Rechnergenauigkeit 118
6.3.2. Fehlererkennung 118

7. Zusammenfassung 120

Schrifttum

[1] Bericht über das 14. Aachener Werkzeugmaschinen-Kolloquium 1971. Ind.-Anz. 93 (1971) Nr. 60, S. 1481 ff.

[2] Programmaufbau für numerisch gesteuerte Arbeitsmaschinen. DIN 66 025.

[3] Tully, H.: Anpassung der Werkzeugmaschine an die Aufgaben der automatisierten Fertigung. wt-Z. ind. Fertig. 60 (1970) Nr.8,S. 415...422.

[4] Werkstückerfassung (Fräsen), unveröffentlichtes Manuskript. Institut für Steuerungstechnik, Stuttgart.

[5] Eitel, H., B. Karl u. J. Waelkens: EXAPT - Eine Sprache zur Programmierung von numerisch gesteuerten Werkzeugmaschinen. Datenverarbeitung, Beiheft der technischen Mitteilungen AEG-Telefunken, Berlin, 3. Jg. (1970), Heft 1, S. 22...37.

[6] Opitz, H., W. Simon, G. Spur u. G. Stute: EXAPT 3 - Eine Programmiersprache für Bohr- und 2 1/2-dimensionale Fräsbearbeitung. Steuerungstechnik 1 (1968) Nr. 4, S. 137...140.

[7] EXAPT 1, Sprachbeschreibung. EXAPT-Verein, Aachen, Best.Nr. 69.05.01.

[8] Stute, G.: Fortschritte der Fertigung auf Werkzeugmaschinen - Teil 2, Automatisierte Programmierung von NC-Maschinen. Carl Hanser Verlag, München 1969.

[9] EASYPROG-System Firmendruckschrift, M. Müller, Hannover.

[10] VDF - Autoprogramer. Vereinigte Drehbank-Fabriken e.V., Firmendruckschrift, VDF 202/1D-2000D/9 68, Hamburg 1969.

[11] Programmiersystem NPZ 2000. Gildemeister, Firmendruckschrift, NPZ 56 Vogl. 69.

[12] Automatisierte Darstellungs-Einrichtung. Ferranti ltd., Firmendruckschrift, Juli 69, LIST/IEG69/1-BR116.

[13] Leslie, W.H.P. (Herausgeber): Numerical Control Programming Languages, (Proceedings of the 1st international IFIP/IFAC PROLAMAT Conference, Rom 1969). North-Holland Publishing Company, Amsterdam, London 1970.

[14] Untersuchungen der Sprache 2CL, unveröffentlichtes Manuskript, Institut für Steuerungstechnik.

[15] APT - part programming manual, APT - dictionary. IIT Research Institute, 1963.

[16] Spiess W.E. u. F.G. Rheingans: Einführung in das Programmieren in FORTRAN. Verlag Walter de Gruyter & Co., Berlin 1970.

[17] Stute G. u. H. Victor: Berichte über die IHA 70. wt-Z. ind. Fertig. 60 (1970) Nr.12,S. 688,689.

[18] Wojda, F.: Rationalisierung der industriellen Fertigung durch Einsatz programmgesteuerter Maschinen, insbesondere numerisch gesteuerter Werkzeugmaschinen, entsprechend der Entwicklung moderner Produktionsmethoden in den westlichen Industrieländern. Arbeitswissenschaftliches Institut, TH Wien, Okt. 1968.

[19] Karl, B.: 2 1/2-dimensionales Fräsen unter Verwendung der Achsumschaltung. HGF-Bericht Nr. 71/84, Ind.-Anz. 93 (1971) Nr. 99, S. 2513,2514

[20] Werkzeugkartei EXAPT 1/EXAPT 2. EXAPT-Verein, Aachen, Best.Nr. 69.02.20.

[21] Werkzeugkartei EXAPT 3. Institut für Steuerungstechnik, Stuttgart.

[22] Standard-Werkstoffkartei EXAPT 2. EXAPT-Verein, Aachen, Best.Nr. 70.06.01;

[23] Standard-Werkstoffkartei EXAPT 1. Best.Nr. 69.03.07;

[24] Maschinendaten EXAPT 2. Best.Nr. 69.03.13 ;

[25] Processor-Dateien EXAPT 1. Best.Nr. 70.07.03;

[26] Bearbeitungskartei EXAPT 1.
Best.Nr. 69.03.12.

[27] Waelkens, J. : Karteiverwaltungsprogramm für Bohr- und Fräswerkzeuge,
unveröffentlichtes Manuskript,
Institut für Steuerungstechnik, Stuttgart.

[28] Programming of numerically controlled machine tools.
National Engineering Laboratory, Report No. 187
May 1965, East Kilbride.

[29] Untersuchung der Sprache ADAPT,
unveröffentlichtes Manuskript,
Institut für Steuerungstechnik, Stuttgart.

[30] Untersuchung der Sprache AUTOPOL,
unveröffentlichtes Manuskript,
Institut für Steuerungstechnik, Stuttgart.

[31] Browne, F.A.J. : IBM AUTOPOL - Lathe Programming System.
Machinery and Produktion Engineering,
dec, 18th, 1968.

[32] Hensel, H. : AUTOPOL, Progr.-Anleitung und Beschreibung des Verfahrens.
IBM-Anwendungsentwicklung, Sindelfingen.

[33] EXAPT 3 - Sprachbeschreibung.
Institut für Steuerungstechnik, Stuttgart 1971.

[34] EXAPT 1, Processor-Beschreibung.
EXAPT-Verein, Aachen, Best.Nr. 68.01.03;

[35] EXAPT 2, Processor-Beschreibung.
Best.Nr. 69.03.16.

[36] Fetzer, H. : Untersuchungen zur Erweiterung des Einsatzbereichs der Programmiersprache EXAPT 1.
Dissertation TU Berlin, 1968.

[37] Grupe, U. : Untersuchungen über die rechnerunabhängige Konzeption fertigungstechnischer Programmsysteme. Dissertation RWTH Aachen, 1970.

[38] EXAPT 2 - Sprachbeschreibung.
EXAPT-Verein, Aachen, Best.Nr. 69.05.02.

[39] Karl, B. : Schnittaufteilung in EXAPT 3.
HGF-Bericht Nr. 71/72, Ind.-Anz. 93 (1971) Nr. 90, S. 2264,2265.

[40] Caracciolo, A., A. Camera u. S. Trumpy: Languages for automatic programming tools (final scientific report). IEI-Research Report Nr. B70-23, Instituto di fisica, Universita di Pisa (Italy), 10. Nov. 70.

[41] Eitel, H.: MEANDR-Bahnzerlegung in EXAPT 3. HGF-Bericht Nr. 70/62, Ind.-Anz. 92 (1970) Nr. 88, S. 2095, 2096.

[42] Berger, H.: Automatische Schnittwertermittlung für die Fräs- und Bohrbearbeitung im Hinblick auf ein Informationssystem für Zerspanungsdaten. Dissertation RWTH Aachen, 1970.

[43] 2CL Part-Programming Reference Manual. National Engineering Laboratory, East Kilbride, June 1967.

[44] Victor, H. Adaptive Control - Versuch einer einheitlichen Begriffsbestimmung. wt-Z. ind. Fertig. 60 (1970) Nr. 11, S. 665.

[45] Geometrische Datenverarbeitung - Adaptive Steuerung AEG-Adaptic (Systemübersicht). AEG-Telefunken, Druckschrift DR.NR.E52.1/V2.5.20.0770.

[46] Simon, W.: Die numerische Steuerung von Werkzeugmaschinen. Carl Hanser Verlag, München 1971, 2. Aufl..

[47] Eitel, H., B. Karl u. J. Waelkens: EXAPT 3 - Rechnergestütztes Programmieren von NC-Fräs- und Bohrbearbeitungszentren. wt-Z. ind. Fertig. 60 (1970) Nr. 11, S. 629...635 und Nr. 12, S. 681...687.

[48] Karl, B.: ZIGZAG-Bahnzerlegung in EXAPT 3. HGF-Bericht Nr. 71/60, Ind.-Anz. 93 (1971) Nr. 80/81, S. 2030, 2031.

[49] MAPEX 1/2 (Kartei-Verwaltungsprogramm). EXAPT-Verein, Aachen, Best.Nr. 69.08.03.

[50] Fachwörterbuch der Datenverarbeitung (englisch - deutsch). Siemens AG. Berlin, München 1968.

[51] Henning, H.: Geometrische Datenverarbeitung. wt-Z. ind. Fertig. 61 (1971) Nr. 7, S. 413, 414.

[52] Grünbecken, A. u. K. Faber: Das GEAGRAPH-System im Dienste des maschinellen Zeichnens. Technische Mitteilungen AEG-Telefunken 1969, 6. Beiheft Datenverarbeitung, S. 23...36.

[53] Computergesteuerte Zeichenanlage im Flugzeugbau.
wt-Z. ind. Fertig. 61 (1971) Nr. 7, S. 445.

[54] Einführung in die Postprocessor-Programmierung, EXAPT 1/2.
EXAPT-Verein, Aachen, Best.Nr. 69.06.06.

[55] Hartwig, R.: Graphische Datenverarbeitung mit Präzisionszeichenanlagen.
Elektronische Rechenanlagen, 9 (1967) Nr. 4 S. 185...193.

[56] NC - Graphics.
UNIVAC (SPERRY RAND), Numerical Control Newsletter, Autumn 1970, U-3694-46.

[57] Automatic Programming of Machine Tools (AUTOPROMT).
Library Services Department, IBM Data Processing Devision, New York, 1961.

[58] Stute, G.: Die Automatisierung des Informationsflusses.
VDI-Bericht Nr. 123, 1968.

[59] SURF1 - System.
Deutsche OLIVETTI GmbH. Offenbach a. M.

[60] Herold, H., W. Maßberg u. G. Stute: Die numerische Steuerung in der Fertigungstechnik.
VDI-Verlag, Düsseldorf 1971.

[61] Marx, H. J. u. G. Stute: Automatisierung - Die heutige Form der Rationalisierung im Industriebetrieb.
VDI-Zeitschrift 109 (1967) 27, S. 1259...1266.

[62] VDI Richtlinie 3206.

[63] Zusammenstellung von NC-Bohr- und Fräswerken, unveröffentlichtes Manuskript (1967), Institut für Steuerungstechnik, Stuttgart.

[64] Part programming language for numerical control. A proposal for a standard language based on APT prepared for the ISO Working Group ISO/TC97/SC5/WG1, oct. 71.

Verzeichnis der Abkürzungen und Begriffe

a	- Schnittiefe
al	- Parallelen-Abstand
A	- Fläche
A	- Werkzeugmaschinen-Achsbezeichnung
A_B	- Bodenfläche
ACCSIM	- Programmname (Adaptive Control Constraint Simulation)
A_D	- Deckfläche
ADD	- add new macro (Steuerwort)
ALL	- APT-like-languages
APT	- Programmiersprachen-Name (automatically programmed tools)
arc tan	- Arcus-Tangens-Funktion
A_U	- Umfangsfläche
b	- Schneidenbreite
B	- Werkzeugmaschinen-Achsbezeichnung
BMAC1	- Symbol für ein Bibliotheks-Macro
BMAC2	- Symbol für ein Bibliotheks-Macro
c	- Faktor
C	- Werkzeugmaschinen-Achsbezeichnung
C	- compiliertes Macro (Kennzeichnung)
C1...C3	- Symbole von Kreisen (circle)
CHACOR	- Programmname für die Achsumschaltung (change coordinate-axis)
check-surface	- Begrenzungsfläche
CLDATA	- Zwischenausgabe (cutter location data)
compiler	- Rechenprogramm (Übersetzungsprogramm)
CS	- Symbol einer check-surface
d	- Fräserdurchmesser
DEL	- delete old macro (Steuerwort)
drive-surface	- Leitfläche
DS	- Symbol einer drive-surface
DVA	- Datenverarbeitungsanlage
e	- Eingriffsbreite
EIA	- Electronic Industries Association
EL	- Konturelement-Symbol
EXZ	- Konturlement-Krümmung
F	- Vorschubstufe (feedrate), (Steuerungseingabe)

G1...G3	- Symbole von Geraden
G	- Wegbedingung (Steuerungseingabe)
GEAK	- Programmname (Graphische-Eingabe-Ausgabe-Kontrolle)
HGF	- Hochschulgruppe Fertigungstechnik
i	- Index
ISO	- International Standards Organisation
j	- Index
K	- Kontur (Symbol)
K_D	- Fräserdurchmesseräquidistante von K (Symbol)
l	- Verfahrweg
l_1	- Werkzeug-Einstellänge
L1...L7	- Symbole von Geraden (line)
L	- Fräserlängenkorrekturschalter
M	- Magazinplatz-Nummer
M	- Hilfsfunktion (miscellaneous function) (Steuerungseingabe)
M1	- Fräsermittelpunktslage (Symbol)
MAFIGE	- Programmname (macro-file generator)
Macro	- Unterprogramm
MAC3	- Symbol für ein temporäres Macro
MIN.	- Minuten
n	- Endindex
N	- Satznummer (number) (Steuerungseingabe)
NC	- numerical control
NEW	- new macro-file (Steuerwort)
P1...P5	- Symbole von Punkten (point)
part-surface	- Werkstückfläche
PCH	- punch (Steuerwort)
PHIS	- Eingriffswinkel φ_s (Rechnerausdruck)
PP	- Postprocessor (Nachverarbeitunsprogramm)
PRT	- print (Steuerwort)
PROLAMAT	- programming languages for machine tools
PS	- Symbol einer part-surface
r	- Radius
R	- Fräserradius-Korrekturschalter
S	- symbolisches Macro (Kennzeichnung)
S	- Drehzahlstufe (speed) (Steuerungseingabe)
SIGN	- Signum (Vorzeichen)
s_z	- Vorschub pro Zahn
SZ	- Vorschub pro Zahn s_z (Rechnerausdruck)
T	- Werkzeug-Angabe (tool)(Steuerungseingabe)
TOC	- table of contents (Steuerwort)
t	- Zeit

u	-	Wert für die Vorschubgeschwindigkeit
UPD	-	update (Steuerwort)
v	-	Schnittgeschwindigkeit
V	-	Volumen (Symbol)
W	-	Werkzeugnummer
WT1 / WT4	-	Werte für die Rauhtiefe
WC	-	Aufmaßwert
WZ	-	Werkzeug (Abkürzung)
X	-	X-Achse
XA	-	X-Koordinate des Konturelementanfangs
XE	-	X-Koordinate des Konturelementendes
XM	-	Kreismittelpunktskoordinate in X, Geraden-Einheitsvektor in X
Y	-	Y-Achse
YA	-	Y-Koordinate des Konturelementanfangs
YE	-	Y-Koordinate des Konturelementendes
YM	-	Kreismittelpunktskoordinate in Y, Geraden-Einheitsvektor in Y
Z	-	Z-Achse
ZO	-	oberer Z-Wert
ZU	-	unterer Z-Wert
$	-	Steuerzeichen (Rechner-Betriebssystem)
$$	-	Einleitung von Kommentar
$\rho \varphi$	-	Polarkoordinaten
$\varkappa$	-	Einstellwinkel der Hauptschneide [42]
α	-	Winkel
φ_1	-	Eintrittswinkel
φ_2	-	Austrittswinkel
φ_s	-	Eingriffswinkel
Δl	-	Weg-Inkrement

Verzeichnis der aufgeführten Sprachworte [33]

AIR - Luftvolumen-Kennzeichnung
ATANGL - Winkel
BACK - Beschreibungsrichtung rückwärts
BEGIN - Anfang des Konturrumpfes
BOTTOM - Bodenfläche
CALL - Macro-Aufruf
CHACOR - Achsumschaltung
CIRCLE - Kreis
CLDIST - Sicherheitsabstand
CLOSED - geschlossen (Kontur)
COL - Kollisionskontur(en) folgen
CONMIL - Konturfräsen
CONTUR - Kontur
CUT - Aufruf der Bearbeitungsstelle
DECRES - Konturschnitt zuerst auszuführen
DIST - Abstand
DREPKT - Drehpunkt
DWNCUT - Gleichlauffräsen
FACMIL - Plan- bzw. Taschenfräsen
FEED - Vorschubgeschwindigkeit
FIN - zu schlichtende Oberfläche; Schlichtbearbeitung
FINE - feinzuschlichtende Oberfläche; Feinschlichtbearbeitung
FWD - Beschreibungsrichtung vorwärts
GO - Positionieranweisung
GOOVER - Werkzeugüberlauf
GOTO - Bewegungs- bzw. Positionieranweisung
IN - innen liegende Kontur(en)
INCRES - Konturschnitt zuletzt auszuführen
INTOL - Innentoleranz (Interpolation)
INVERS - gegenläufiger Werkzeugweg (Schnittaufteilung)
LAEWIN - Umrechnung Länge/Winkel
LEFT - Bezugsrichtung links
LFTLIM - Werkzeugbegrenzung links
LINE - Gerade
MACRO - Unterprogramm
OFF - ausgeschaltet
ON - eingeschaltet
ONLIM - Werkzeugwegbegrenzung 'ON'
OPEN - offen (Kontur)
OSETNO - Korrekturschalter
OUT - umfassende Kontur
OUTTOL - Außentoleranz (Interpolation)

OVSIZE - Aufmaß-Größe
PARLEL - parallel
PAST - Werkzeug hinter dem Konturelement
PERPTO - senkrecht
RADIUS - Kreis-Radius
RE - entgegen Konturbeschreibungsrichtung
RGT - Beschreibungsrichtung rechts
RIGHT - Bezugsrichtung rechts
RGTLIM - Werkzeugbegrenzung rechts
ROUGH - zu schruppende Oberfläche; Schruppbearbeitung
SO - Einzelbearbeitung (single operation)
SPEED - Schnittgeschwindigkeit
STOP - Maschinen-Stop
SURFIN - Oberflächengüte
SWATH - Eingriffsbreite
TANTO - tangierend an
TERMAC - Macro-Abschluß
TERMCO - Konturbeschreibungs-Abschluß
TO - in Konturbeschreibungsrichtung; an Konturelement
TOLER - Toleranz (Interpolation)
TOOL - Werkzeug
UNLIM - keine Begrenzung bezüglich des Werkzeugs
UPCUT - Gegenlauffräsen
WORK - Bearbeitungsaufruf
XPAR - parallel zur X-Achse
YLARGE - in Richtung größer werdender Y-Koordinaten; der bezüglich Y größere Wert von 2 Möglichkeiten
ZIGZAG - Fräsverfahren (Pendelfräsen)

1. Einleitung

Die Werkzeugmaschinen-Industrie nimmt in der Fertigungstechnik eine wichtige Schlüsselstellung ein, wenngleich sie am allgemeinen Maschinenbau nur einen geringen prozentualen Umsatzanteil hat. Sie stellt die Fertigungsmittel her und hat daher stets die Aufgabe, diese im Rahmen von Rationalisierungs- und Automatisierungsbestrebungen den derzeitigen Anforderungen der Wirtschaft anzupassen.

Vollautomatische, starre Fertigungsstraßen eignen sich jedoch aufgrund der dort geforderten hohen Stückzahlen und Losgrößen nicht für die Mittelserien, Kleinserien- und Einzelfertigung [1]. Diese Lücke schließen numerisch gesteuerte Werkzeugmaschinen (NC-Maschinen) in Form von Bearbeitungszentren für Bohr- und Fräsbearbeitung sowie NC-Drehmaschinen.

NC-Maschinen arbeiten mit Hilfe einer numerischen (d.h. ziffernmäßigen) Eingabe [2]. Die Bearbeitungsaufgabe ist demzufolge in der für die Maschinensteuerung verständlichen Sprache in Elementarschritte zu zerlegen und als Informationsfolge in numerischer Form bereitzustellen.

Die Informationseingabe in die Maschinensteuerung erfolgt beispielsweise über einen Steuerlochstreifen, welcher unter Verwendung von Programmierhilfen und Datenverarbeitungsanlagen (DVA) ("rechnergestütztes Programmieren" mittels NC-Programmiersprachen) oder aber manuell erstellt werden kann.

Mit dem eindeutigen Trend zur Bahnsteuerung gewinnt das rechnergestützte Programmieren aufgrund einer kostengünstigeren Fertigung sowie einer besseren Anpassungsfähigkeit an rasch wechselnde Fertigungsaufgaben zunehmend an Bedeutung, zumal da ein Großteil aller auf spanenden Werkzeugmaschinen hergestellten Werkstücke in Einzelstücken oder Kleinserien gefertigt wird [3].

Bei der manuellen NC-Programmierung werden große Anforderungen bezüglich Geschicklichkeit , räumlichem Vorstellungsvermögen, technologischen Kenntnissen, Zuverlässigkeit und Arbeitsaufwand an den Teileprogrammierer gestellt und zwar um so mehr, je komplizierter die Geometrie des Werkstücks und die Technologie der Bearbeitung ist.

Ein entscheidender Faktor für die Wirtschaftlichkeit der NC-Anwendung ist daher eine einfache Teileprogrammierung mit automatisierter Steuerlochstreifenerstellung.
Oft bieten sich für eine Bearbeitungsaufgabe geometrisch und technologisch mehrere Lösungswege an, deren Optimierung jedoch nur durch Vergleich der Ergebnisse nach erfolgter Durchrechnung jedes Einzelfalls möglich ist. Für die herkömmliche Fertigungsvorbereitung ist eine derartige Vorgehensweise in der Regel aufgrund des hohen Aufwandes jedoch nicht anwendbar. Hieraus ergibt sich eine für NC-Maschinen allgemeingültige Aufgabenstellung einer automatisierten Werkzeugweg-Ermittlung:

- Vereinfachte geometrische und technologische Beschreibung,
- Optimierung bezüglich der Technologie,
- Befreiung von Routinearbeiten.

Die bestehenden Möglichkeiten der rechnergestützten NC-Programmierung erfüllen diese Forderungen nur unzureichend, sodaß die Realisierung dieser Aufgabenstellung notwendig erscheint.

Die vorliegende Arbeit befaßt sich mit dem Teilgebiet der 2 1/2-dimensionalen Fräsbearbeitung. Die Bezeichnung 2 1/2-dimensional bezieht sich primär auf die Art der Bearbeitung und besagt, daß das Werkzeug 2-achsig bahngesteuert geführt wird, während mit der 1/2 Dimension die Zustellachse gemeint ist. Die Werkstücke selbst sind selbstverständlich 3-dimensional, wobei sich die Einschränkung bezüglich der 2 1/2-dimensionalen Bearbeitung sekundär auf eine in Frage kommende Werkstückauswahl und damit auf das Beschreibungsverfahren auswirken. Bild 1-1 zeigt Werkstückbeispiele für eine 2 1/2-dimensionale Fräsbearbeitung.

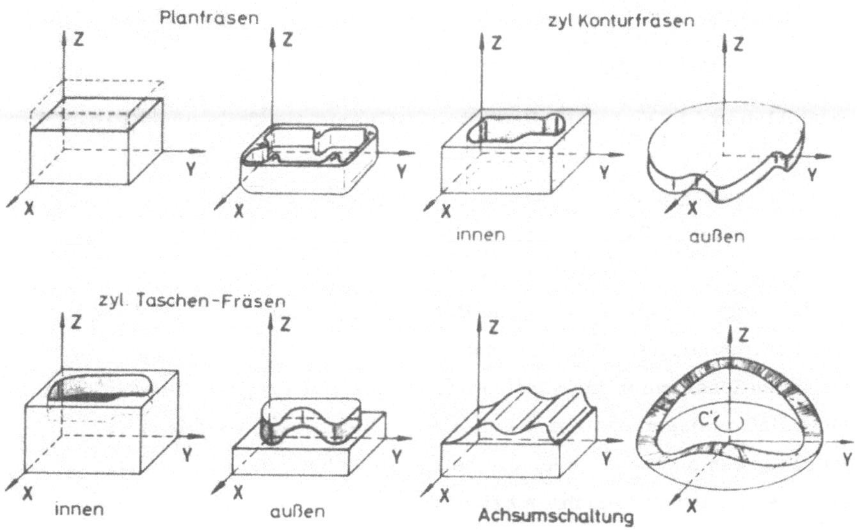

Bild 1-1: 2 1/2-dimensionale Fräsbearbeitung (Werkstückbeispiele)

Besondere Bedeutung wird geometrisch-technologischen und rein technologischen Fragen beim Taschenfräsen beigemessen. Die Probleme des Kontur- und Planfräsens sind hier im wesentlichen mit beinhaltet. Außerdem werden die Möglichkeiten der 2 1/2-dimensionalen Beschreibung durch Einbeziehung einer Achsumschaltung voll ausgenützt.

Diese Schwerpunktbildung gründet sich auf Untersuchungen bestehender Programmiersprachen [28, 14, 29, 30], auf Diskussionsergebnisse von speziellen Arbeitskreisen sowie auf mehrere Industrieumfragen und auf Untersuchungen von Werkstückspektren [4], welche zeigten, daß - abgesehen z.B. vom Karosseriebau - der größte Teil von Werkstücken einerseits mit relativ einfachen geometrischen Mitteln beschreibbar ist, und andererseits eine Fülle von technologischen Verfahren mittels einer problemorientierten Programmiersprache automatisierbar sind.

Durch Systemanalyse sind die geometrischen, technologischen und organisatorischen Gesetzmäßigkeiten aufzusuchen, zu ordnen und zu gewichten und in Form von Rechenprogrammen als Teile eines Programmiersystems, welches ein Beschreibungssystem zur Grundlage hat, zu einer Synthese zu führen. Schwerpunkte müssen hierbei einerseits die geometrisch-technologischen Beschreibungsverfahren bilden, sowie auf der anderen Seite die Ermittlung der kürzesten Werkzeugverfahrwege mittels Schnitt- und Bahnzerlegung im Zusammenhang mit Positionierung und Kollisionskontrolle. Die dazu notwendigen Organisationsformen im Bereich der Daten- und Programmhandhabung sind zu behandeln - insoweit sie direkten Bezug zu obigen Verfahren haben oder aber wesentliche Vereinfachung der Handhabung der beschriebenen Verfahren bringen.

Ein besonderer Rationalisierungseffekt ist durch eine Unterprogrammtechnik ('Macro') zu erreichen. Für die Handhabung einer Macro-Bibliothek wird ein Verfahren vorgestellt.

Gewissermaßen als Kontrollorgan wird zudem die graphische Datenverarbeitung an verschiedenen Anwendungsstellen angesprochen.

2. Problemstellung

2.1. Stand der Technik

Zur Programmierung von NC-Maschinen sind in den vergangenen Jahren eine Reihe von Programmierhilfen mit unterschiedlichem Automatisierungsgrad und jeweils spezifischen Merkmalen entwickelt worden. Sie lassen sich grob in zwei Gruppen unterteilen:

1) Halbmaschinelles Programmieren unter Verwendung von Tisch- und Kleinrechnern - wie z.B. die Verfahren EASYPROG [9], VDF-AUTOPROGRAMER [10] und andere [11,12] - sowie
2) maschinelles Programmieren.

Zu letzterem zählen die problemorientierten Programmiersprachen für NC-Maschinen, mit deren Hilfe unter Verwendung einer Datenverarbeitungsanlage NC-Steuerlochstreifen erstellt werden können.

Unter dem Begriff "Programmiersprache" sollen in dieser Arbeit die beiden Teile "Beschreibungsvorschrift" und "Verarbeitungsprogramm" verstanden werden. Ein Verarbeitungsprogramm (vielfach 'compiler' genannt) erzeugt aus der entsprechend der Beschreibungsvorschrift erstellten Eingabeinformation entweder durch Übersetzen ein ladefähiges, selbständiges Objektprogramm (z.B. bei FORTRAN oder ALGOL), oder aber es übersetzt die Eingabeinformation, interpretiert diese übersetzte Information und führt sie sequentiell aus (z.B. bei NC-Programmiersprachen). Im letzteren Fall liegt also kein ladefähiges oder selbständiges Objektprogramm vor.

Die 1. Internationale IFIP/IFAC PROLAMAT Konferenz in Rom (1969)[13] vermittelte hierüber unter dem Thema "Numerical control programming languages" einen guten Überblick über die Sprachvielfalt und den Stand der Technik (Bild 2-1).

ADAPT	AUTOPRESS	CLAM
APT	AUTOPROMT	COCOMAT
UNIAPT	AUTOPIT	BSURF
IFAPT	AUTOSURF	MILMAP
MINIAPT	SPLIT	PAGET
EXAPT	SNAP	PMTZ
CINAPT	CAMP	PROFILEDATA
APTLOFT	PRONTO	NUMERISCRIPT
AUTOSPOT	INCA	FMILL
AUTOMAP	SYMPAC	ACTION
AUTOPROPS	2CL	ZAP

Bild 2-1: Tabelle der NC-Programmiersprachen [13]

Die einzelnen NC-Programmiersprachen unterscheiden sich wesentlich bezüglich Anwendungsbereich, Komplexität, Umfang und Voraussetzung zu deren Einsatz [13, I.D.Nussey]. Auch für den Bereich der Fräsbearbeitung gibt es zwar bereits Programmiersprachen - wie APT, FMILL, APTLOFT, ADAPT, 2CL usw. [13], die jedoch teils über den Bereich einer 2 1/2-dimensionalen Fräsbearbeitung hinausgehen (z.B. FMILL zur Erzeugung von beliebig gekrümmten 3-dimensionalen Flächen) und dadurch für eine 2 1/2-dimensionale Anwendung zu aufwendig oder ungeeignet sind. Bei anderen Sprachen sind trotz vereinfachter Beschreibungsmöglichkeiten alle Verfahrwege (oder dazu um Fräserradius versetzte Wege) einzeln zu programmieren, d.h. also auch alle Abhebe- und Positionierbewegungen [14].

Weiterhin besteht für das Taschenfräsen z.B. in APT die entscheidende Einschränkung, daß die Kontur einer Tasche ('pocket') nur konvex sein darf und sich ausschließlich aus Geradenelementen zusammensetzen muß.

Einige Sprachen sind nur für spezielle Werkzeugmaschinen-Steuerungen entwickelt worden - wie z.B. PAGET von Olivetti für deren Steuerungen oder PROFILEDATA von Ferranti. Solche Sprachen sind jedoch zu firmenspeziell, als daß sie für einen breiten Anwenderkreis nützlich sein könnten. Dasselbe gilt für NC-Programmiersprachen, die in 'Assembler' [50] programmiert sind, da sie damit rechnerabhängig sind.

Weitere Einschränkungen bei bestehenden Sprachen liegen in den Aussagemöglichkeiten und Rechenverfahren bezüglich der Technologie, wo teils alle durch technologische Gesetzmäßigkeiten erforderlichen Vor- und Zwischenoperationen (wie z.B. Schruppbearbeitung vor der Schlichtbearbeitung, Schlichtaufmaßberechnung und dessen Berücksichtigung) sowie Vorbohrpositionen und -operationen einzeln und gezielt anzugeben sind; oder aber eine automatische Werkzeugwegermittlung in Verbindung mit technologischen Randbedingungen wie Bearbeitungsgüte und dergleichen nicht oder nur bedingt durchführbar sind. Bei allen Sprachen, die keine Volumenbeschreibung kennen und bei denen daher das Werkzeug längs einem Werkzeugweg zu führen ist, erweist sich stets der Mangel, daß Schruppvorbearbeitungen nicht automatisch ausgeführt werden können [13].

Außerdem werden vor allem geometrisch-technologische Optimierverfahren vermißt, die auf minimale Werkzeugwege abzielen, sowie rein technologische Optimierungsverfahren, die zu möglichst großen Verfahrgeschwindigkeiten und damit insgesamt zu kürzeren Bearbeitungszeiten führen.

Die bestehenden Sprachen erfüllen daher in der Praxis nur teilweise die Anforderungen, die seitens der Fertigung im Betrieb im Hinblick auf Automatisierung und Rationalisierung gestellt werden.

2.2. Konsequenzen für eine Weiterentwicklung

Die angeführten Mängel bestehender Programmiersprachen lassen sich durch weitere Verlagerung der Verantwortung vom Teileprogrammierer und der Fertigungsvorbereitung zum Computer-Programm weitgehend beheben, indem man die zugrundeliegenden Gesetzmäßigkeiten ermittelt (rechnerbezogene Systemanalyse) und diese mittels einer allgemeinen problemorientierten Programmiersprache (z.B. FORTRAN [16]) zu einem Rechnerverarbeitungsprogramm ('compiler') formuliert (Synthese).

Die aufgezeigten Probleme der Vereinfachung der NC-Programmierung und der Optimierung im technologischen Bereich lassen sich dabei wie folgt in einem größeren Rahmen darstellen:

Wenn der rechnergestützten NC-Programmierung im allgemeinen eine Programmiersprache zugrunde liegt, welche die spezifischen Probleme in einfacher Weise zu beschreiben und zu berechnen erlaubt, so stellt diese Programmiersprache nur ein einzelnes Hilfsmittel im Rahmen der integrierten Fertigung dar. Durch Hinzufügen von weiteren Anschlußstellen an die Fertigung mit den zugehörigen Anschlußverfahren und Programmen kann eine Programmiersprache zum Programmier s y s t e m erweitert werden. Ein fertigungsorientiertes Programmiersystem gestattet daher neben der Beschreibung des Produkts auch die Einbeziehung von Informationen über die Produktionsmittel. Das Funktionsschema eines integrierten NC-Programmiersystems läßt sich am Beispiel des 2 1/2-dimensionalen Fräsens anhand der in Bild 2-2 gezeigten Blockstruktur darstellen.

D a t e n - A u f b e r e i t u n g :

Daten über Produktionsmittel und über das Produkt bedürfen einer datenverarbeitungsgerechten Daten-Aufbereitung, d.h. die Erfassung und Wartung von Werkzeug- und Werkstoffkenngrößen auf der einen Seite und Werk-

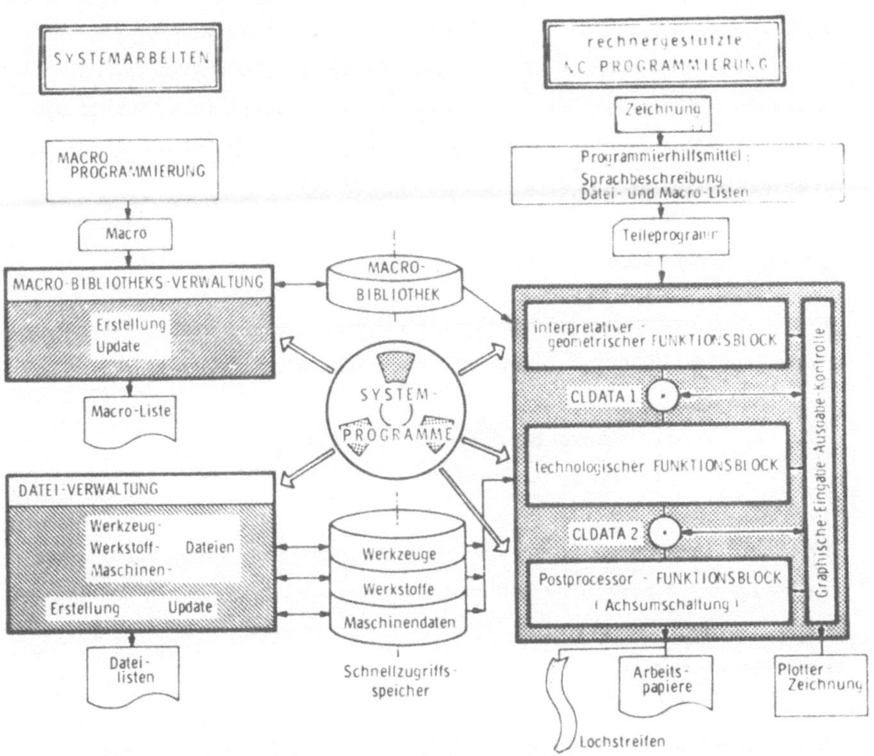

Bild 2-2: NC-Programmiersystem (Blockstruktur)

stückbeschreibungen auf der anderen Seite. Man kommt dadurch zu:

- temporären Teiledaten
- permanenten Systemdaten

Systemdaten werden auf einem permanenten Systemdatenspeicher gespeichert und dienen der Reproduktion anwenderspezifischer Daten. Teiledaten sind werkstückbezogene Daten, die stets neu zu ermitteln sind und nur temporär gespeichert werden. Die Aufbereitung der Daten einschließlich der zugehörigen Rechnerverarbeitung wird somit entsprechend unterteilt in "Systemarbeiten" und "rechnergestützte NC-Programmierung". Aufbereitete Daten werden durch "Systemprogramme" verarbeitet. Die Systemprogramme selbst sind auf einem zentralen "Systemband" gespeichert und werden bei Bedarf von dort abgerufen.

Funktionsblöcke

Die Rechnerverarbeitung ist in Funktionsblöcken dargestellt: Für die Systemarbeiten können 2 Funktionsblöcke angegeben werden:

- "Macro-Bibliotheks-Verwaltung"
- "Datei-Verwaltung"

Zur Datei-Verwaltung als Systemarbeit zählt die Erstellung von Werkstoff-, Werkzeug- und Maschinenkarteien sowie deren Verwaltung als Dateien auf einem "Systemdatenspeicher". Hierzu kann auf bereits Bekanntes [27,49] verwiesen werden.

Die einzusetzende Werkzeugmaschine und das verwendete Werkzeug mit den sie charakterisierenden Kenndaten [20 bis 26] werden als vorgegeben betrachtet. Als Fräswerkzeuge kommen Schaftfräser, Walzenstirnfräser und Messerköpfe in Betracht, wie sie in Bild 2-3 gezeigt sind. Spezielle Nuten- und Formfräser müssen hier als Sonderwerkzeuge betrachtet werden. Die Werkzeugkennwerte sind in der Werkzeugkartei [27] erfasst (vgl. Bild 2-4).

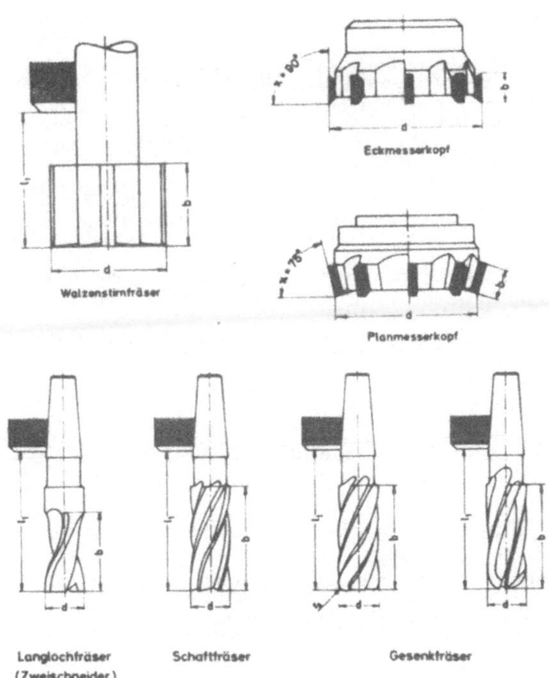

Bild 2-3: Werkzeuge für 2 1/2-dim. Bearbeitung (Beispiele)

Lehrstuhl G. Stute Uni. Stuttgart	EXAPT-Karteiblatt f. Fräswerkzeuge	Werkzeugsystem:	Ident-Nr. 03 1 050
	Bezeichnung: Schaftfräser		Tag: / Name:

	Schneide	Wz.-Körper	Wz.-Halter
Firma	H & K	H & K	KELCH
Best.-Nr.			
Schneidst.	HSSE	Nachschleifanweisung	
Schneide ausw.bar	ja - nein		

Bemerkungen:

Einstellmaße L = 224,20 Q = /

SYSTEM-NR. | EINSATZBEDINGUNGEN | SCHNEIDENGEOMETRIE | IDENT-NR.

5 1 1 6		0 5 0	1 8 0	0 0 5	0 8 0	3 0 0	5 0 0	0 6 0	3 0	8	+ 3 0 0	9 0 0	0			0	0	2 1 0 0	0 3 1 0 5 0

MASSANGABEN

± x_s 1/100 mm	± y_s 1/100 mm	z_s 1/100 mm	r_1 1/100 mm	e 1/10 mm	± α_{K2} 1/10°	r 1/100 mm	± α_{K3} 1/10°	± α_{K4} 1/10°	b 1/100 mm	d_2 1/10 mm	d_3 1/10 mm	d_1 1/100 mm	l_1 1/100 mm	r_2 1/10 mm	r_3 1/10 mm	IDENT-NR.
+ 1 3 4 2 0	0	4 0 0	0	0	0	4 0 0	0	0	1 1 0 0 0	0	4 0 0	5 0 0 0	1 3 5 0 0	0	0	0 3 1 0 5 0

Bild 2-4: Werkzeug-Karteiblatt für Fräser [21]

Wird bei der rechnergestützten NC-Programmierung festgestellt, daß bestimmte Teilprobleme wiederholt auftreten bzw. einander ähnlich sind (z.B. bei Teilefamilienfertigung oder bei Problemen an Sondermaschinen usw.), so können diese Teilabschnitte des Teileprogramms als Unterprogramm ('Macro') programmiert und für weitere Benutzung in einer "Macro-Bibliothek" zur Verfügung gestellt werden. Die Bereitstellung einer derartigen Macro-Bibliothek soll dann aber zu den Systemarbeiten zählen, da die Ergebnisse als Systemdaten permanent zur Verfügung stehen.

Die Teileprogramm-Verarbeitung gliedert sich in drei Funktionsblöcke:

- Funktionsblock für die interpretative und geometrische Verarbeitung,
- Technologischer Funktionsblock,
- Postprocessor-Funktionsblock.

Die Funktionsblöcke werden entsprechend der Aufgabenstellung in Funktionsunterblöcke unterteilt. Beide Arten von Funktionsblöcken sind für andere Anwendungsgebiete bedingt austauschbar, sodaß sich das am Beispiel des Fräsens aufgezeigte Funktionsschema auch auf andere Fertigungsverfahren übertragen läßt.

Auf Eingabewerte, Zwischen- und Endergebnisse innerhalb und außerhalb der angegebenen Funktionsblöcke kann ein gesonderter Funktionsblock, die "Graphische-Eingabe-Ausgabe-Kontrolle" (GEAK) Zugriff nehmen und dem Teileprogrammierer je nach Rechnerkonfiguration 'online' oder 'off-line' [50] eine optische Kontrolle ermöglichen.

2.3. Bedeutung der vorgeschlagenen Verfahren

Die Vorteile eines fertigungstechnisch orientierten Programmiersystems können nach folgenden Gesichtspunkten unterteilt werden [18]:

t e c h n i s c h:

Qualitätssteigerung
konstante Fertigungsqualität
verringerte Teileprogrammierzeit
Möglichkeit der graphischen Datenkontrolle

w i r t s c h a f t l i c h:

Anpassung an rasch wechselnde Fertigungsaufgaben
Erhöhung der Produktivität
Wirtschaftlichkeitserhöhung durch Verfahrensoptimierung

o r g a n i s a t o r i s c h:

kurzfristige Planung
kürzere Bearbeitungszeit in der Fertigungsvorbereitung
maschinelle Erstellung von Arbeitspapieren
automatische Berechnung der Bearbeitungszeiten
höhere Flexibilität und Transparenz in der Fertigung

p e r s o n e l l:

Reduzierung des Personalbedarfs
Befreiung von Routinearbeiten.

3. NC-Programmierung

3.1. Übersicht zum Kapitel NC-Programmierung

Zweck der rechnergestützten NC-Programmierung ist es, für ein vorgegebenes Rohmaterialvolumen mit einem zunächst vorgegebenen Werkzeug und dessen speziellen Einsatzbedingungen Werkzeugwege so zu bestimmen, daß das Werkstück unter Einhaltung der geforderten Randbedingungen - wie z.B. Oberflächengüte und Maßhaltigkeit - sowie unter optimaler Ausnutzung der Maschinengegebenheiten - wie z.B. Leistung, Drehmoment, Drehzahlbereich - möglichst kostengünstig gefertigt wird. Bei den hohen Investitionskosten von NC-Maschinen geht es daher insbesondere für den Bereich der Bearbeitung um die Verringerung der Haupt- und Nebenzeiten, sowie für den Bereich der Fertigungsvorbereitung darum, die NC-Eingabeinformation fehlerfrei zur Verfügung zu stellen - sei es auf Lochstreifen, Magnetband oder mittels Rechnerdirektsteuerung.

Ein einfach zu handhabendes und gleichzeitig für eine komplette spanende Fertigung ausreichendes Beschreibungssystem - sowohl für das herzustellende Werkstück als auch für die einzusetzenden Fertigungsmittel z.B. Werkzeuge und Werkzeugmaschine - ist Voraussetzung zur Erreichung dieses Zieles.

Werden die zur Fertigung eines Werkstücks notwendigen Eingabeinformationen mittels eines derartigen Beschreibungssystems der Rechenanlage mitgeteilt, so kann diese durch eine Folge von Rechenverfahren, die im 'compiler' zusammengefaßt sind, die gestellte Aufgabe lösen und einen Steuerlochstreifen erstellen sowie Arbeitspapiere ausdrucken (Werkzeuglisten, Magazin-Bestückungspläne usw.).

Es lassen sich demnach zwei in ihrer Aufgabenstellung gegeneinander abgegrenzte, in ihrer Wirkungsweise jedoch aufeinander abgestimmte Bereiche definieren:

- Beschreibungsverfahren
- Rechenverfahren

Beschreibungsverfahren

Beschreibungsverfahren sind allgemein die Grundlage problemorientierter Programmiersprachen sowie der NC-Programmiersprachen im besonderen. Sie sind wie bereits eingangs erwähnt für den NC-Bereich als freiformatige oder festformatige Sprachen für verschiedene NC-Anwendungsbereiche unter verschiedenen Namen (vgl. Bild 2-1) [13] bekannt, sodaß für das Problem des 2 1/2-dimensionalen Fräsens teilweise darauf aufgebaut werden kann, sofern es den erarbeiteten Anforderungen entspricht. Allerdings setzt höhere Automatisierung insbesondere im Bereich der Technologie neue Rechenverfahren und neue Beschreibungsverfahren voraus. Bild 3-1 zeigt als Beispiel das Formblatt der formatgebundenen Sprache AUTOPOL [31,32]. Das Festformat benötigt in der Interpretationsphase der Rechnerverarbeitung zwar weniger Aufwand, dafür ist die Sprache jedoch weniger flexibel und nur schlecht erweiterbar. Unter dem Gesichtspunkt "Kommunikation zwischen Mensch und Maschine" entspricht sie zu wenig der menschlichen Umgangssprache.

Bei freiformatigen Sprachen gibt der Teileprogrammierer die Sprachaussagen ohne Einhaltung einer tabellarischen Form in einer der Umgangssprache ähnlichen Art an. Die Bedeutung von Zahlenwerten ist dann z.B. nicht aufgrund ihrer Stellung zu interpretieren, sondern von einem vorausgehenden Sprachwort abhängig. Der Aufbau der Sprache unterliegt dabei einer Reihe von Syntaxregeln, welche die Aussage eindeutig machen und gleichzeitig die Verständlichkeit für den Anwender erhöhen.

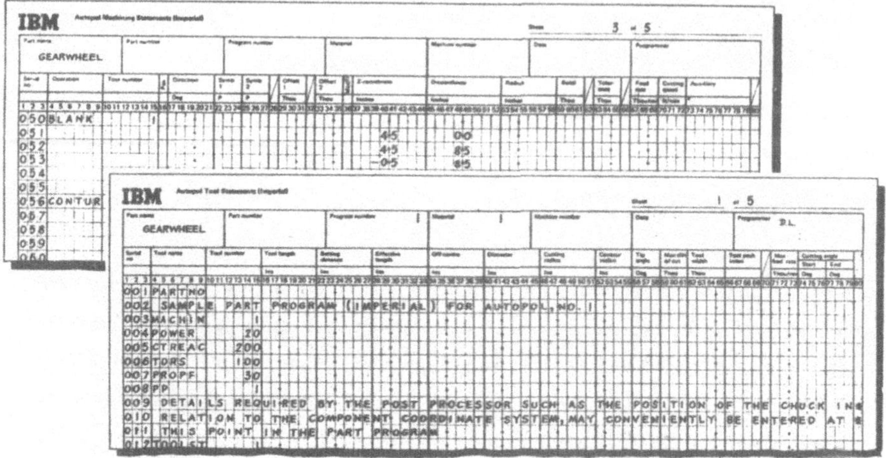

Bild 3-1: AUTOPOL - formatgebundene Eingabe

Die Programmiersprache APT und die auf APT basierenden Sprachen - wie EXAPT, IFAPT, NEL-NC, MINIAPT - werden 'APT-like-languages' (ALL) genannt [13]. Für das 2 1/2-dimensionale Beschreibungsverfahren wurde im wesentlichen die Syntax der ALL übernommen [33]. Diese kann kurz wie folgt zusammengefaßt werden:

Das Teileprogramm ist eine Folge von Definitions- und Exekutivanweisungen. Anweisungen haben in ihrer allgemeinsten Form folgenden Aufbau:

Anweisungsmarke Symbol = Hauptteil / Nebenteil

Der Hauptteil dient der groben Klassifizierung des zu definierenden Sachverhalts (wie z.B. CONTUR ⟶ Konturbeschreibung, CONMIL ⟶ contour-milling) während der Nebenteil diesen näher spezifiziert. Haupt- und Nebenteil werden aus Sprachworten (mit fester Bedeutung), Zahlen, Variablen, arithmetischen Ausdrücken, Symbolen und Syntaxelementen gebildet. Symbole sind frei wählbare Namen. Soll auf eine Anweisung Bezug genommen werden, so geschieht dies bei Programmverzweigungen und -sprüngen mittels der Anweisungsmarke, bei Bezugnahme auf den Anweisungsinhalt durch Nennung des Anweisungssymbols. Dies bedeutet, daß auf Definitionen auch mehrmals an verschiedenen Stellen zurückgegriffen werden kann, im Gegensatz z.B. zu Programmiersprachen wie AUTOPRESS und COCOMAT, denen eine streng sequentielle Abarbeitung zugrunde liegt [28].

Bei der Beschreibung ist zwischen einer reinen Werkstückbeschreibung - wie z.B. Geometrie und Technologie - und einer Steuerung des Programmablaufs bzw. einer Auswahl aus verschiedenen Lösungsmöglichkeiten zu unterscheiden (programmtechnische Anweisungen).

Auf die Beschreibungsverfahren wird in Kapitel 3.2. näher eingegangen. Dabei ist zwischen geometrischer und technologischer Beschreibung zu unterscheiden. Eine gemischt technologisch-geometrische Beschreibung wird im Vergleich zu einer getrennten geometrischen und technologischen Beschreibung diskutiert.

Rechenverfahren

Das Rechenverfahren baut auf der Beschreibung auf und berechnet aufgrund geometrisch-technologischer Gesetzmäßigkeiten Lösungen, die durch organisatorische Anweisungen im Teileprogramm noch steuerbar sind.

Das Rechenverfahren gliedert sich entsprechend der auszuführenden Aufgabe in mehrere Teilbereiche, die teilweise unabhängig voneinander sind, zum Teil jedoch sich ergänzend aufeinander aufbauen. Die Verarbeitung der einzelnen Teilaufgaben übernehmen die jeweiligen Funktionsblöcke und Unterblöcke. Die Aufbereitung der Eingabesprache (Teileprogramm) zu einer rechnerinternen und damit verarbeitungsgerechten Darstellung ist aus anderen Programmiersprachen (z.B. EXAPT 1 und EXAPT 2 [34 bis 37]) bekannt und wird hier nur kurz angedeutet. Dies betrifft insbesondere die Aufbereitung der Geometrie zu einer normierten Darstellung und die interne Verschlüsselung ("Interpretativer- geometrischer Funktionsblock"). In dieser Arbeit soll hingegen ein erstes Zwischenergebnis der Rechnerverarbeitung - das von EXAPT 1 und EXAPT 2 her bekannte CLDATA 1 (cutter location data) - als Ausgangsbasis dienen.

Ebenso kann die Erläuterung der Prüfung auf formale Richtigkeit und Vollständigkeit der geometrischen Informationen entfallen, welche zweifelsohne sinnvoll und notwendig ist und zu einem entsprechenden Diagnostik-System führen muß. Der wesentliche, zur Werkzeugwegermittlung notwendige Programmkomplex soll als "Technologischer Funktionsblock" (vgl. Bild 2-2) mit mehreren Funktionsunterblöcken betrachtet werden.

Als Unterblöcke sind für das Fräsen zu nennen:

- Arbeitsablaufermittlung (Schnittaufteilung),
- Positionierung,
- Startpunktbestimmung,
- Bahnzerlegung,
- Schnittwertberechnung.

Durch das Verwaltungsprogramm des Funktionsblocks sind die Unterblöcke miteinander verknüpft, sodaß sie sich gegenseitig ergänzen können (vgl. Kapitel 3.4.). Das Problem der Schrupp- und Schlichtbearbeitung kann als den 5 Funktionsblöcken gleichermaßen zugeordnete Aufgabe verstanden werden. Ebenso ist den ersten drei Funktionsblöcken das Problem der Kollisionskontrolle und der Eilgangbewegungen d.h. der Verfahrzeitoptimierung gemeinsam.
In den folgenden Abschnitten wird zunächst das Beschreibungsverfahren erörtert; diesem schließt sich die Darstellung der Rechnerverarbeitung an.

3.2. Werkstück-Beschreibungsverfahren

3.2.1. Allgemeines

Ein Beschreibungsverfahren dient dazu, einem Rechnerverarbeitungsprogramm bzw. einer Datenverarbeitungsanlage (DVA) die geometrischen, technologischen und organisatorischen Eingabeinformationen in einer zur Lösung der Aufgabe ausreichenden Form zur Verfügung zu stellen. Dabei darf das Beschreibungsverfahren nicht nur der DVA gerecht werden, sondern muß den Belangen des Benutzers ebenso weitgehend entgegenkommen. Das bedeutet für ein Verfahren zur Beschreibung von 2 1/2-dimensionaler Fräsbearbeitung, daß es sich an der Werkstattzeichnung orientieren muß, welche zumindest derzeit die Ausgangsinformation für die Fertigung eines Werkstücks darstellt.

Hinzu kommen Informationen, die aus der Erfahrung der Fertigungsvorbereitung dem Rechenprogramm mitgeteilt werden müssen - sofern das Rechenprogramm nicht in der Lage ist, diese aus Dateien (Systemdaten) oder aufgrund von Gesetzmäßigkeiten selbst zu ermitteln. Organisatorische Eingabeinformationen steuern beispielsweise die zeitliche Aufeinanderfolge von Einzeloperationen oder Operationsgruppen. Eine strikte Trennung geometrischer und technologischer Daten ist von der Werkstattzeichnung her nicht gegeben und daher auch für ein Beschreibungsverfahren nicht sinnvoll [14], zumal da gerade die Zuordnung technologischer Bedingungen zu geometrischen Daten für eine spanende Bearbeitung unerläßlich ist. Das angestrebte Verfahren wird also auf einem geometrischen Grundbaustein aufbauend unter Hinzufügung technologischer Bedingungen zu einer für die Datenverarbeitung ausreichenden Informationsmenge führen müssen. Bei der Beschreibung der technologischen Bedingungen kann noch zwischen geometrisch-technologischen Angaben und rein technologischen Angaben unterschieden werden. Hierauf wird in den folgenden Kapiteln noch näher eingegangen.

3.2.2. Geometrischer Grundbaustein

In der Literatur bekannte Beschreibungsverfahren, z.B. AUTOPROMT, bauen zum Teil auf Formelementen auf. Derartige Formelemente können dabei Flächen oder Körper darstellen, die durch gegenseitige Zuordnung zu einem komplexen Gebilde zusammengefügt werden dürfen (vgl. Bild 3-2).

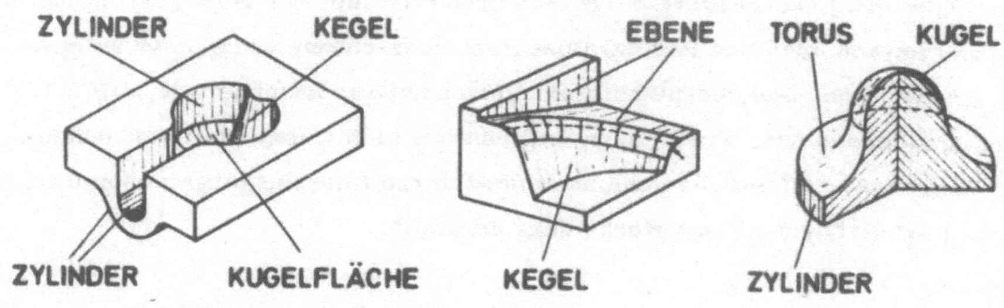

Bild 3-2: AUTOPROMT - Werkstückbeschreibung [57]

Die 2 1/2-dimensionale Fräsbearbeitung stellt prinzipiell eine Reduzierung auf senkrechte zylindrische Körper dar. Es ließe sich unter dieser Einschränkung ein Katalog von häufig vorkommenden Formelementen wie Quader, rotationssymmetrischer Zylinder usw. aufstellen, der durch Kombination einen gewissen Bereich vorkommender Werkstückgeometrie abdecken würde. Als Nachteil einer solchen Systematik ergibt sich jedoch eine geringe Flexibilität und ein hoher Aufwand zur Änderung des Programms, wenn nachträglich neue Formelemente eingefügt werden sollen. Außerdem ist eine Zuordnung technologischer Randbedingungen an Teilflächen eines derartigen Volumenformteils (oder Teile hiervon) mit zusätzlichem Aufwand und weiteren Definitionen verbunden, wodurch ein derartiges Verfahren insgesamt sehr unhandlich wird.

Liegt - unter besonderer Berücksichtigung des Taschenfräsens - große Bedeutung bei der Technologie, so ergibt sich zwangsläufig ein Beschreibungsverfahren, das nicht auf Volumenelementen sondern auf geometrischen Grundelementen (Linien- und Flächenelemente) aufbaut.

Als Hauptbestandteile eines zylindrischen Volumens sind die Boden- und Deckflächen (A_B,A_D) sowie eine längs der zylindrischen Ausdehnung verschiebbar zu denkende Begrenzungskontur K (Erzeugende) zu betrachten (vgl. Bild 3-3). Diese Erzeugende wird nun ihrerseits in ihre Grundelemente EL wie Geradenabschnitte, Kreissegmente usw. aufgelöst. Jedes Grundelement ist zunächst rein 2-dimensional zu betrachten; es ist durch seine Anfangs- und Endkoordinaten (XA/YA, XE/YE) aufgrund einer fortlaufenden Beschreibungsrichtung begrenzt.

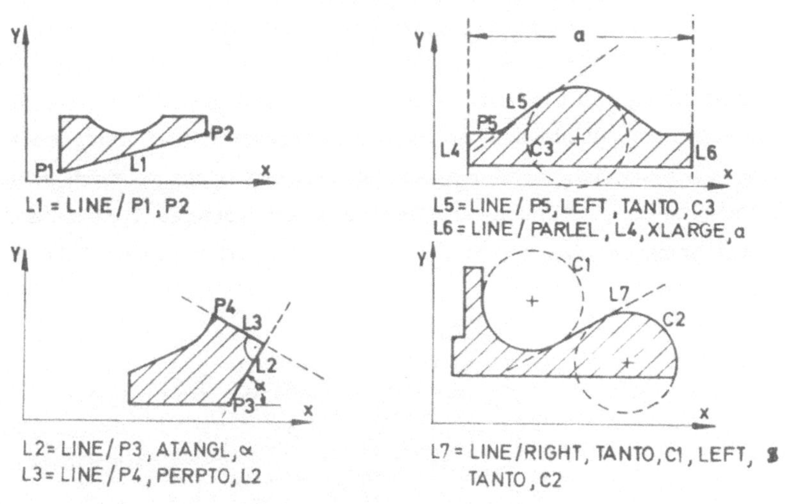

Bild 3-3: Geradendefinitionen

Bild 3-3 zeigt Beispiele für die Definition von Geradenelementen [33]. Durch Zusatzangaben wird jedes Element näher definiert (z.B. ein Kreissegment durch Angabe von Krümmung und Mittelpunktskoordinaten). Die Aneinanderreihung (Verknüpfung) von Konturelementen kann zu einer geschlossenen oder offenen Kontur führen. Geschlossen bedeutet hier, daß der Anfangspunkt des ersten Elementes einer Kontur K_i identisch ist mit dem Endpunkt des letzten Elementes derselben Kontur K_i. Als Bedingung für eine geschlossene Kontur K_i gilt somit:

$$[XA(EL_1(K_i)) = XE(EL_n(K_i))] \quad \& \quad [YA(EL_1(K_i)) = YE(EL_n(K_i))]$$

Bringt man diese Struktur in ein rechtsdrehendes, karthesisches Koordinatensystem und legt die zylindrische Ausdehnung in die Z-Richtung (Abweichungen hiervon werden in Kapitel 3.5.2.1. (Achsumschaltung) behandelt), so bleiben als geometrische Beschreibungsbestandteile:

- die erzeugende Kontur K ,
- zwei Begrenzungsflächen, repräsentiert durch zwei Z-Werte ZU und ZO.

Ist K in sich geschlossen, so stellt das Ergebnis eine Umfangsfläche A_U dar, die zusammen mit der durch die Begrenzung der zylindrischen Ausdehnung gegebenen Boden- und Deckfläche ein Volumen V einschließt (Taschenfräsen). Ist K offen, so bildet das Ergebnis eine Fläche A (Konturfräsen).

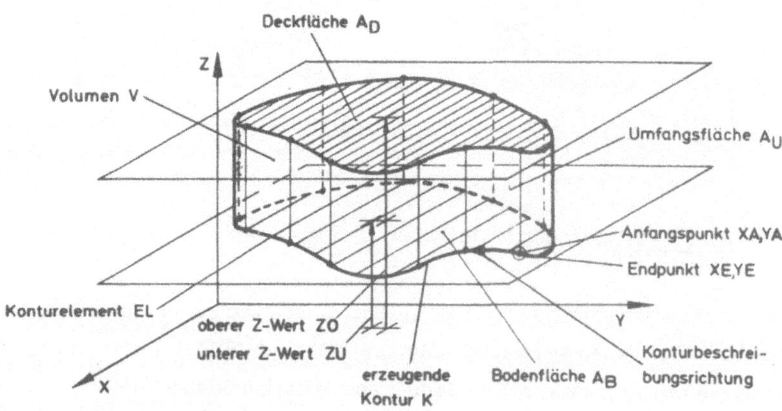

Bild 3-4: Werkstückbeschreibung (Begriffe)

3.2.3. Geometrisch-technologische Angaben

Der geometrische Grundbaustein muß Bezug nehmen auf das Werkstück: Das Volumen V stellt demnach eine der drei Volumenarten dar:

- Fertigteil
- Rohteil
- Luftvolumen

Zur Beschreibung des Werkstücks genügt es,

- das Rohteilvolumen stets als "Tasche" mit zu definierender Bodenfläche,
- das Fertigteil als "Insel" mit zu definierender Deckfläche,
- das Luftvolumen als "Loch" mit zu definierender Bodenfläche

zu behandeln.

Fügt man eine beliebige Anzahl dieser drei Volumenarten ineinander und beschreibt außerdem noch eine maximale Rohteil-Deckfläche, so ist damit eine Werkstückgeometrie eindeutig definierbar, sofern Durchdringungen wie "Tasche in Insel" oder "Luftloch in Tasche" oder "Insel in Tasche" usw. zugelassen sind, unter der Bedingung, daß keine Kontur die andere in ihrer X-Y-Ausdehnung schneidet (höchstens berührt). Dabei ergibt sich ein resultierendes Rohteilvolumen, das zur Zerspanung aufgerufen werden kann.

Für den Teileprogrammierer bedeutet diese Beschreibungsvorschrift, daß er

- die Bodenflächen von Taschen,
- die Deckflächen von Inseln,
- die Trennflächen zwischen Luft und Material (sofern diese unterhalb der maximalen Rohteildeckfläche liegen

mit dem zugehörigen Z-Wert und einer entsprechenden Konturkennung zu beschreiben hat. Nachfolgendes Bild macht dies nochmals deutlich:

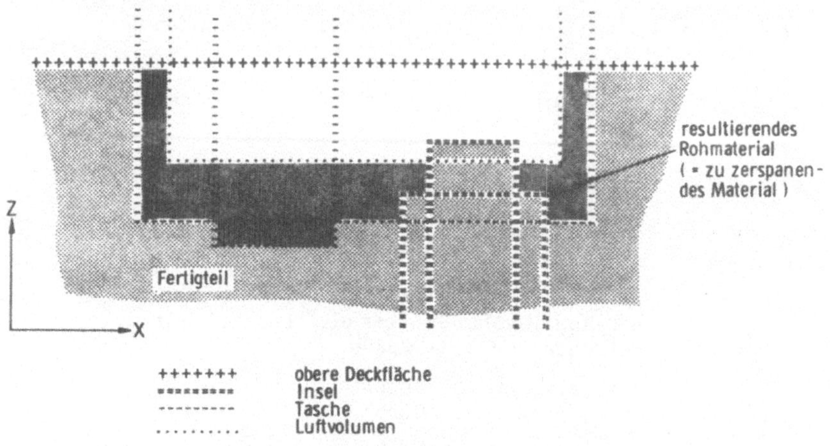

Bild 3-5: Werkstückbeschreibung (Durchdringung)

Als Kennung wird vereinbart, daß Bodenflächen von Taschen - da sie vom Werkzeug nicht überfahren werden dürfen - mit 'limited' gekennzeichnet werden. Deckflächen von Inseln hingegen sind an ihrer Konturbegrenzung überfahrbar ('unlimited'), Trennflächen zwischen Luft und Material werden mit 'air' bezeichnet, da sie primär noch keinen Bezug zum Werkzeug haben. Die Materialseite des Werkstücks ist dadurch eindeutig gekennzeichnet. Demzufolge ist die Begrenzung jedes Teilvolumens in der zylindrischen Ausdehnung erst durch Zuordnung der einzelnen Teilvolumina zueinander und durch die Beschreibung der maximalen Rohteildeckfläche zu gewinnen. Da die Definition der Teilvolumina und ihre Zuordnung zueinander im logischen Ablauf eines Teileprogramms an verschiedenen Stellen erfolgen kann, ist hiermit eine sehr weitreichende Flexibilität gewährleistet, zumal da mit ein und denselben Teilvolumina - oder einer Auswahl hiervon - verschiedene Zuordnungen getroffen werden können (z.B. für Schrupp-Vorbearbeitung mit anschließender Schrupp/Schlicht-Nachbearbeitung).

Obige Ausführungen gelten zunächst für 2 1/2-dimensionales Taschenfräsen. Für 2 1/2-dimensionales Konturfräsen vereinfacht sich das vorgeschlagene Beschreibungsverfahren insofern, als nur eine einzige Kontur in Betracht zu ziehen ist, die als offene oder geschlossene Kontur die senkrechte Trennfläche A_U zwischen Rohmaterial und Fertigteil darstellt. Die Ausdehnung der Trennfläche A_U in der Z-Richtung ist durch die Boden- und Deckfläche (2 Z-Werte) begrenzt.

An dieser Stelle erweist es sich als notwendig, die Kennung bezüglich der Materialseite noch weiter zu modifizieren. Aus der 'limited'-Angabe wird unter Bezugnahme auf die Konturbeschreibungsrichtung ein 'right-limited' bzw. ein 'left-limited' entsprechend der in Bild 3-6 gezeigten Zuordnung abgeleitet. Die rechnergerechte Kurzform ist dann 'RGTLIM' bzw. 'LFTLIM' (bzw. 'UNLIM' für 'unlimited'). Diese Form soll der Einheitlichkeit halber - wenngleich nicht unbedingt notwendig - auch für Taschenfräsoperationen gelten. Die Angabe FWD/L kennzeichnet die Beschreibungsrichtung (forward) bezogen auf das Geraden-Konturelement mit dem Symbol L. Weitere Möglichkeiten werden im folgenden Kapitel beschrieben.

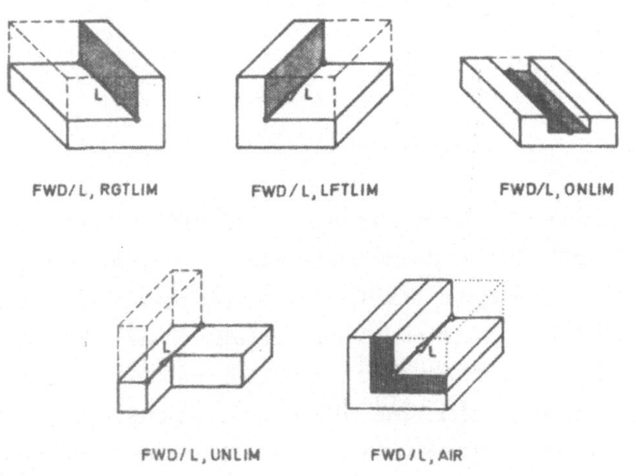

Bild 3-6: LIM-Angaben

Eine weitere Reduzierung auf eine rein 2-dimensionale Bearbeitung und entsprechende Beschreibung tritt ein, wenn die beiden Z-Werte identisch sind, d.h. wenn die Fläche A_U auf die Kontur K zusammenschrumpft (z.B. einfaches Nutenfräsen). Derartige Bearbeitungsfälle sollen von vorneherein durch eine entsprechende Konturkennung 'on-limited' (Kurzform 'ONLIM') gekennzeichnet werden, wobei sich der Werkzeugbezugspunkt auf der definierten Kontur bewegen soll.

Konturbeschreibung:

In der Teileprogrammsprache soll die Konturbeschreibung folgenden Aufbau haben:

```
                                      RGTLIM
                                      LFTLIM
                           CLOSED
Kontursymbol = CONTUR /    OPEN   ,   ONLIM    , Z   [Konturkopf]
                                      UNLIM
                                      AIR

               BEGIN / XA, YA, YLARGE, EL1  ⎫
               FWD                          ⎪
               LFT                          ⎪
               RGT     / EL2                ⎪
               BACK                         ⎬ [Konturrumpf]
               .... / ....                  ⎪
               .... / ELn                   ⎪
               TERMCO                       ⎭
```

Das Prinzip der Konturverknüpfung ist von EXAPT 2 [38] her bereits bekannt und soll daher an dieser Stelle nur kurz angedeutet werden. Eine Einschränkung bezüglich der Beschreibungsrichtung bei geschlossenen Konturen (mathematisch positiv oder negativ) besteht hier allerdings nicht. Der Konturkopf hingegen ergibt sich aus den oben hergeleiteten Beschreibungsprinzipien. Die OPEN- bzw. CLOSED-Angabe könnte zwar entfallen, da diese Information aus der Konturverknüpfung hervor geht, doch ergibt sich dadurch die Möglichkeit, schon zu Beginn der Rechnerverarbeitung eine diesbezügliche Überprüfung durchzuführen und entsprechende Fehler zu erkennen und zu melden (vgl. hierzu auch Kapitel 6.) . Die Bedeutung der möglichen Verknüpfungsrichtungen FWD, LFT, RGT und BACK (entsprechend forward, left, right, back) geht aus Bild 3-7 hervor.

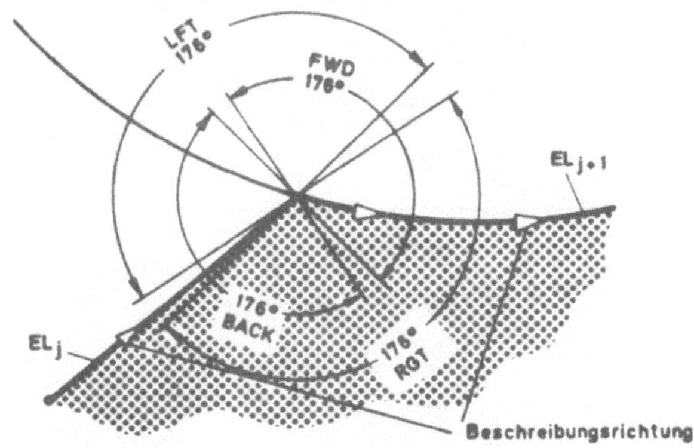

Bild 3-7: Prinzip der Konturverknüpfung

Das allgemeine Format der Verknüpfungsanweisung hat die Form:

FWD
LFT
RGT / EL_j
BACK

Für das abgebildete Beispiel (Bild 3-7) hat die Richtung RGT oder FWD Gültigkeit.

Die geometrisch-technologischen Angaben dienen also dazu, Fertigteil und Rohteil zu definieren. In den bisherigen Ausführungen war zunächst nur davon die Rede, daß z.B. eine Tasche sich grundsätzlich aus Elementen zusammensetzt, welche den Werkzeugweg begrenzen; dies ist jedoch keine notwendige Bedingung, vielmehr kann die modale Wirkung der LIM-Angabe im Konturkopf gezielt bei einzelnen Elementen durch Angabe der echten Kennung (z.B. UNLIM) am Konturelement aufgehoben werden. Dadurch wird auch die Beschreibung von Absätzen und teilweise offenen Taschen möglich. Bild 3-8 zeigt als Beispiel eine Tasche mit einem überfahrbaren Konturelement EL_j. Die Konturbeschreibung erfährt dann folgende Ergänzung:

```
Kontursymbol = CONTUR / CLOSED , RGTLIM , ZU
               BEGIN / ...
               ...... / ...
               ...... / ELj , UNLIM
               ...... / ...
               ...... / ELn
               TERMCO
```

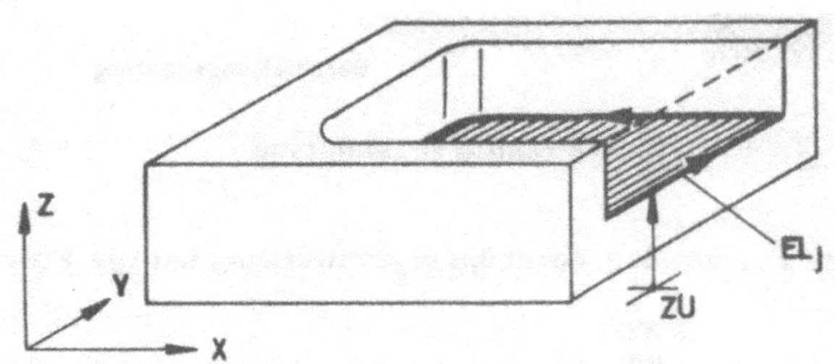

Bild 3-8: Tasche mit überfahrbarem Konturelement

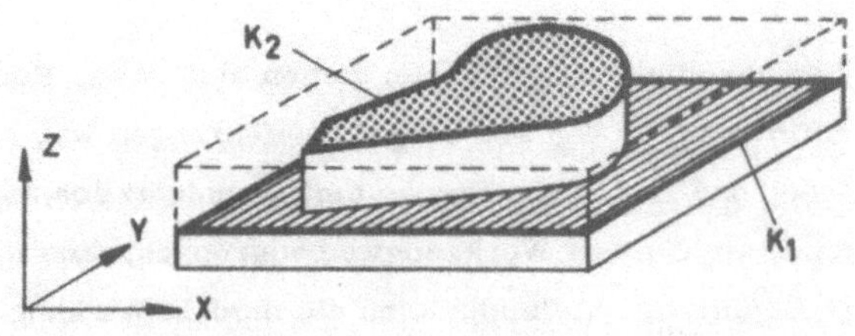

Bild 3-9: Allseitig offene Tasche mit Insel

Bild 3-9 zeigt, daß eine Planfläche (z.B. mit einer Insel) auch als Tasche interpretierbar ist, jedoch mit allseitig überfahrbaren Konturelementen.

Die Einflüsse dieser geometrisch-technologischen Angaben auf die Werkzeugwegermittlung werden insbesondere in den Kapiteln "Startpunktbestimmung" und "Bahnzerlegung" diskutiert.

3.2.4. Technologische Angaben im Beschreibungssystem

Technologische Angaben beinhalten Informationen

- zum Werkstück
- zur Art der Bearbeitung

Wesentliche Hilfsmittel zur Programmierung sind weiterhin die Werkstoff-, Werkzeug- und Maschinendatei [20 bis 25]. In diese Dateien können firmeninterne Werte eingetragen werden, wodurch die vorgesehenen Schnittbedingungen den spezifischen Firmenanforderungen angepaßt werden.

Technologische Angaben zum Werkstück:

Technologische Angaben zum Werkstück können entweder für das ganze Teil oder nur für ein bestimmtes Konturelement oder eine bestimmte Kontur gemacht werden. Aussagen,die das gesamte Werkstück betreffen, werden durch modal wirkende Angaben festgelegt. Die modale Wirkung bedeutet, daß jede im Nebenteil der Anweisung gemachte Angabe solange gilt, bis sie durch eine neue,entsprechende Angabe ersetzt wird. Solche modalen Angaben sind z.B. die Angaben über:

- Werkstoff
- Schnittwertkorrektur
- Oberflächengüte
- Bearbeitungsaufmaße für Schlichten und Feinschlichten
- Sicherheitsabstand für Eilgangbewegungen
- Sicherheitsebene zum Werkzeugwechsel und Positionieren
- Kühlmittel

Die Werkstück-Werkstoffe sind in Gruppen ähnlicher Zerspanbarkeit unterteilt [22, 62] und mit Code-Nummern versehen. Mit der Angabe der Code-Nummer im Teileprogramm wird daher der Bezug vom aktuellen Werkstück-Werkstoff zur Werkstoffkartei (vgl. Kapitel 4.2.) hergestellt.

Eine überwiegend einheitliche Oberflächengüte der Umfangsflächen bei Frästeilen sowie die als einheitlich angenommene Güte der Grundflächen beim Taschenfräsen wird mit der SURFIN-Anweisung beschrieben.

Da bei einer Tasche eine unterschiedliche Oberflächengüte für die Umfangsfläche und für die Grundfläche gefordert sein kann, enthält die SURFIN-Anweisung in ihrer allgemeinsten Form zwei Angaben zur Oberflächengüte: die erste für die Umfangsfläche und die zweite durch das Wort BOTTOM speziell gekennzeichnet für die Grundfläche:

```
         ROUGH                ROUGH
SURFIN / FIN,  WT1, BOTTOM,FIN,  WT3
         FINE,WT2             FINE,WT4
```

Sollen einzelne Konturelemente eine andere Oberflächengüte als die modal vereinbarte Güte erhalten, so werden diese Konturelemente direkt in der Konturverknüpfung mit entsprechenden Zusatzangaben gekennzeichnet. Hier zeigt sich wiederum der Vorteil einer gemischt geometrisch-technologischen Beschreibung. (WT1...WT4 sind Rauhtiefenwerte.)

Die Angaben zur Oberflächengüte beeinflussen den Vorschub und bewirken gegebenenfalls die Berücksichtigung eines äquidistanten Aufmaßes für eine nachfolgende Bearbeitung höherer Güte. Die Größe dieses Bearbeitungsaufmaßes (WC1, WC2) kann durch den Programmierer mittels der OVSIZE-Angabe für die einzelnen Bearbeitungsgüten getrennt angegeben werden. Wird die Größe des Bearbeitungsaufmaßes jedoch nicht programmiert, so setzt das Rechenprogramm selbst geeignete Werte ein. Die Aufmaß-Anweisung hat folgende Form:

```
OVSIZE / FIN, WC1,  FINE, WC2
```

Bei allen Positionierbewegungen - insbesondere beim Anfahren von Rohteil-Flächen (z.B. mit Gußtoleranz) - wird die schnelle Positionierbewegung aus Sicherheitsgründen kurz vor der Bearbeitungsstelle (um den

Betrag des Sicherheitsabstandes) in den Arbeitsvorschub umgeschaltet. Es ist zwar möglich, in der numerischen Steuerung alle Positionierbewegungen mit einer Wegbedingung zu versehen, die ein Überschwingen des Werkzeugs an der einzufahrenden Position verhindert (vorzeitiges Zurückschalten der Positioniergeschwindigkeit), doch ist diese Sicherheit für Positionierbewegungen an Rohmaterial mit größeren Maßtoleranzen nicht ausreichend. Der Teileprogrammierer hat daher die Möglichkeit - entsprechend den Werkstückbedingungen - die Größe des Sicherheitsabstandes im Teileprogramm zu definieren, und zwar in der Form:

CLDIST / Zahlenwert in mm

Dieser Sicherheitsabstand bezieht sich auf Bewegungen in X-Y-Richtung sowie in Z-Richtung (vgl. Bild 3-16).

Definition der Bearbeitungsart:

Die wichtigste der technologischen Angaben ist die Definition des Bearbeitungsverfahrens. Eine Grobunterteilung trennt zwischen Bohrbearbeitungen [7] und Fräsbearbeitungen. Bei der Fräsbearbeitung wird zwischen Konturfräsen (CONMIL) und Flächen- bzw. Taschenfräsen (FACMIL) unterschieden. Die Verfahren werden in Kapitel 3.4. (Technologischer Funktionsblock) näher beschrieben. Die Beschreibungsmöglichkeit soll jedoch am Beispiel des ZIGZAG-Fräsens hier schon kurz vorweggenommen werden. Entsprechend der allgemeinen Anweisungsform gilt:

Symbolischer Name der Bearbeitung = FACMIL / Zusatzangaben

Die folgende Tabelle gibt über die notwendigen (●) und die möglichen (0) Zusatzangaben Auskunft:

●	TOOL, W, M	W = Werkzeugnummer, M = Magazinplatz
●	ATANGL, α	Winkellage des Pendelfräsens
●	{ ROUGH FIN FINE	Schruppen Schlichten Feinschlichten
0	OSETNO, L, R	Fräserlängen- und -radiuskorrekturschalter
0	SWATH, e	Eingriffsbreite
0	FEED, u	Vorschubgeschwindigkeit [mm/min]
0	SPEED, v	Schnittgeschwindigkeit [m/min]
0	{ INCRES DECRES	Konturschnitt am Anfang der Bearbeitung Konturschnitt am Ende der Bearbeitung
0	{ DWNCUT UPCUT	Gleichlauffräsen Gegenlauffräsen

3.2.5. Exekutivanweisungen

Exekutivanweisungen haben die Aufgabe, die definierten geometrischen, technologischen und geometrisch-technologischen Sachverhalte in einer ausführbaren Weise einander zuzuordnen.
Der 1. Teil der Zuordnung - z.B. die Oberflächengüte zu den einzelnen Konturlementen - ist bereits während der Definitionsphase erfolgt.
Der 2. Teil der Zuordnung legt fest, welche Bearbeitungsart an welcher Bearbeitungsstelle auszuführen ist. In EXAPT 2 geschieht dies mittels der WORK- und CUT-Anweisung. Die Form der EXAPT 2 - CUT-Anweisung ist jedoch hier nicht geeignet, da bei der Drehbearbeitung mittels Konturmarken stets nur ein Konturteilbereich einer einzigen Fertigteilkontur als Bearbeitungsstelle aufgerufen wird, beim Fräsen jedoch eine von mehreren Konturen oder mehrere Konturen gemeinsam aufrufbar sind. Daher stehen für die Fräsbearbeitung die beiden folgenden Formen der CUT-Anweisung zur Verfügung:

A) bei einer Kontur:

CUT / Kontursymbol, oberer Z-Wert, *Marke i*, *TO / RE*, *Marke j*, $

COL, Name 1, Z1, ..., Name n, Zn, GOOVER, Δl

B) bei mehreren Konturen:

CUT / OUT, Kontursymbol 1, oberer Z-Wert, IN, Kontursymbol 2, ..., $

COL, Name1, Z1, ..., Name n, Zn, GOOVER, Δl

Bild 3-10: Form der CUT-Aufrufe

Die Angaben in kursiver Schrift sind mögliche Zusatzangaben. Form A) ist insbesondere für den Konturschnitt an Konturteilbereichen (Marke i bis Marke j) gedacht, während Form B) für geschachteltes Taschenfräsen*) benutzt wird. Das 'Kontursymbol 1' (OUT) kennzeichnet die umfassende Kontur. Das Sprachwort COL besagt, daß die nachfolgenden Kontursymbole kollisionsgefährdet sind und daher besonders zu beachtende Konturen darstellen (z. B. Spannmittel). Die Angabe GOOVER,Δl kennzeichnet den Werkzeugüberlauf.

Die Zuordnung einer definierten Bearbeitungsart mittels der Anweisung

WORK / Symbol der Bearbeitungsart

zu einer oder mehreren Bearbeitungsstellen mittels der CUT-Anweisung löst im Technologischen Funktionsblock entsprechend den definierten Randbedingungen eine Folge von Rechenoperationen und Entscheidungen zur Bestimmung der Arbeitsreihenfolge und der einzelnen Werkzeugwege aus, was in Kapitel 3.4. ausführlich dargelegt wird.

*) dh. daß innerhalb einer umfassenden Tasche ('OUT-Kontur') weitere Taschen bzw. Inseln ('IN-Konturen') liegen, vgl. Bild 3-5.

3.3. Interpretativer-geometrischer Funktionsblock

Die Funktionsweise des Interpretativen-geometrischen Funktionsblocks wird hier nur stichwortartig angedeutet, um die notwendigen Voraussetzungen zum Verständnis des Technologischen Funktionsblocks zu schaffen. Prinzipiell ist für die Aufgabenstellung dieses 1. Funktionsblocks kein wesentlicher Unterschied zwischen einer symbolischen Bohr- Dreh- und Frässprache, sodaß auf die entsprechende EXAPT 1 und EXAPT 2 -Literatur verwiesen werden kann [34 bis 37].

Die Hauptaufgaben dieses Funktionsblocks sind folgende:

- Erkennen der in der symbolischen Programmiersprache formulierten Anweisung,
- Analysieren der vorgegebenen Syntax und Semantik,
- Codierung auf rechnerinterne Darstellung,
- Auflösen der geschachtelten Anweisungen,
- Behandlung von arithmetischen Ausdrücken,
- Behandlung von Schleifenbereichen und Unterprogrammen,
- Berechnung der canonischen Form für geometrische Elemente [15],
- Erstellung von Konturlisten,
- Aufbereitung und Ausdruck einer Fehlerdiagnostik,
- Erstellen einer codierten Zwischenausgabe (CLDATA 1 = Eingabeinformation für den Technologischen Funktionsblock).

3.4. Technologischer Funktionsblock

3.4.1. Übersicht

Die Zerspanung eines Rohteilvolumens auf einer NC-Fräsmaschine mit 2 1/2-dimensionaler Bahnsteuerung muß generell in Schichten erfolgen. Innerhalb jeder Schicht ist ein Werkzeugweg so zu bestimmen, daß das gesamte Rohteilvolumen der Schicht in möglichst kurzer Bearbeitungszeit zerspant wird. In der vorgeschlagenen Programmiersprache kann ein zylindrisches und damit der 2 1/2-dimensionalen Bedingung genügendes Rohteilvolumen zur Fertigung des Werkstücks aufgerufen werden (CUT-Anweisung). Bei einer automatischen Werkzeugweg-Bestimmung gliedert sich die Aufgabenstellung in die folgenden 5 Teilaufgaben bzw. Unterblöcke, die teilweise unabhängig voneinander sind, zum Teil jedoch sich ergänzend aufeinander aufbauen und jeweils eine Optimierung durchführen (vgl. Bild 3-11).

- Arbeitsablaufermittlung (Schnittaufteilung)
- Startpunktbestimmung
- Positionierung
- Bahnzerlegung
- Schnittwertermittlung

Die Schnittaufteilung ermittelt die einzelnen Bearbeitungsschichten [39], innerhalb deren die Startpunktermittlung einen günstigen Anfahrpunkt bestimmt, soweit er nicht per Teileprogramm bereits festgelegt ist. Eine kollisionsfreie Positionierbewegung an diesen Punkt schließt sich an. Die Werkzeugwege zur Zerspanung der Einzelschichten werden beim Flächen- und Taschenfräsen von der Bahnzerlegung ermittelt. Die in die einzelnen Teilgebiete eingefügten Optimierverfahren zielen auf möglichst kurze Verfahrwege und hohe Verfahrgeschwindigkeiten ab.

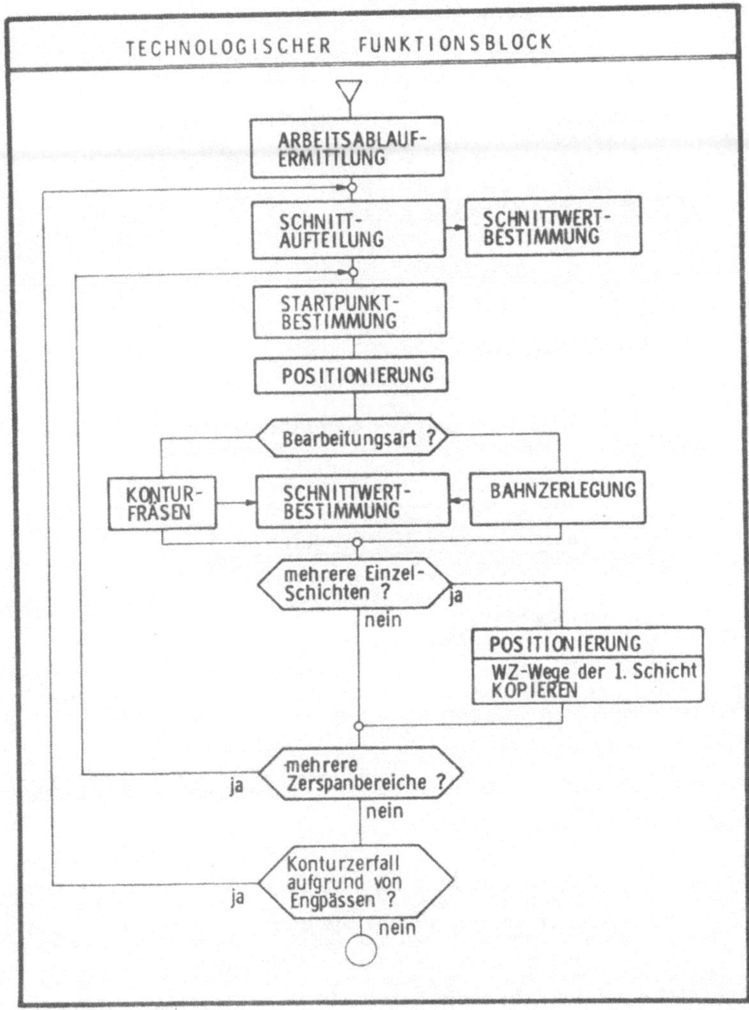

Bild 3-11: Technologischer Funktionsblock

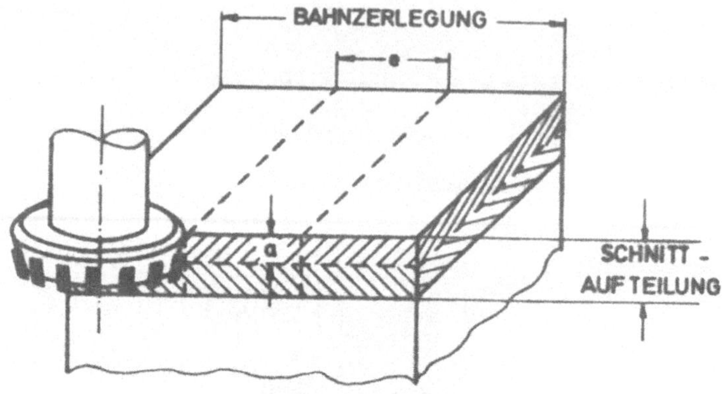

Bild 3-12: Bahnzerlegung und Schnittaufteilung

3.4.2. Arbeitsablaufermittlung (Schnittaufteilung)

3.4.2.1. Aufgabenabgrenzung

Es ist die Aufgabe der Schnittaufteilung, die Einzelschichten einer Bearbeitungsstelle in einer fertigungsgerechten Reihenfolge zu ermitteln. Die Schnittaufteilung stellt damit einen Teil einer automatischen Arbeitsablaufermittlung dar.

Die Methode der Schnittaufteilung wird im folgenden kurz am Beispiel des Taschenfräsens erläutert, welche die beim Kontur- und Flächenfräsen auftretenden Probleme weitgehend mit beinhaltet. Die gesamte Bearbeitungsstelle wird gegebenenfalls mittels einer Grobaufteilung in Zerspanbereiche und in einer Feinaufteilung jeder dieser Bereiche in eine Anzahl von Einzelschichten aufgeteilt. Die Grobaufteilung ermittelt aus der vorgegebenen Konturkonstellation solche Zerspanbereiche, die bezüglich ihrer Z-Ausdehnung (vertikal) konstanten Querschnitt aufweisen.

Jeder dieser Bereiche kann nun seinerseits in eine Anzahl von gleichen Einzelschichten zerfallen, wenn die Dicke des Zerspanbereichs die vom vorgegebenen Werkzeug her bekannte Fräsereinsatztiefe a_{zul} überschreitet (Feinaufteilung) (vgl. Bild 3-13).

Unter Berücksichtigung technologischer Randbedingungen (wie z. B. minimal und maximal zulässige Schnittiefe) wird im Schnittaufteilungsprogramm versucht, die Bereichs- und Schichtermittlung so zu optimieren, daß ein minimaler Verfahrweg bzw. eine kürzeste Bearbeitungszeit entsteht.

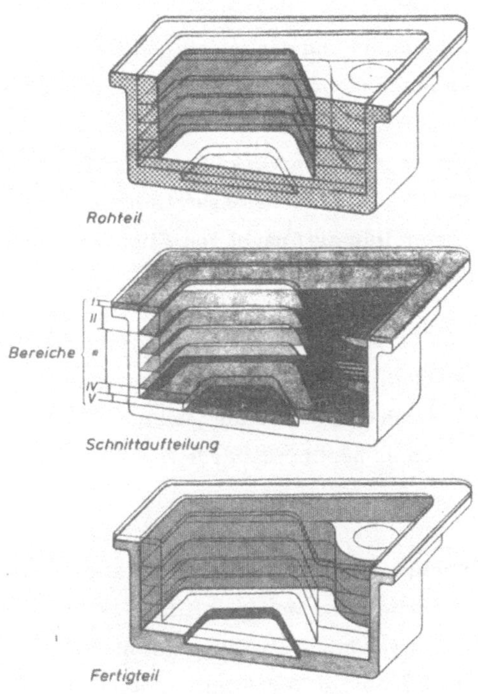

Bild 3-13: Schnittaufteilung (Beispiel)

3.4.2.2. Verfahrensbeschreibung

Nach der Untersuchung der Lage der einzelnen vorgegebenen Konturen zueinander und einem Vergleich der Kontur-Z-Werte läßt sich aufgrund der dabei sich ergebenden Informationen über die Konturart (Insel oder Tasche oder Luftloch) die Grobaufteilung in Zerspanungsbereiche durchführen. Dabei lassen sich die absoluten Z-Werte der einzelnen Bereiche angeben, ihre Abarbeitungsreihenfolge ermitteln und die bei der Zerspanung dieser Bereiche jeweils zu berücksichtigenden Inseln und Kollisionskonturen mit den sie kennzeichnenden Konturnummern für die Kollisionsberechnung bestimmen. Entsprechend werden vorhandene Luftlöcher (z.B. in Teilen vorbearbeitete oder gegossene Werkstücke) bei der Bereichsermittlung berücksichtigt und den jeweiligen Bereichen zugeordnet, sodaß diese Stellen bei der sich anschließenden Bahnzerlegung durch Eilgangverfahrbewegungen (bzw. maximalen Vorschub) berücksichtigt werden können, was zu einer weiteren Verkürzung der Bearbeitungszeit führt. Gemäß der verfügbaren Werkzeugeinsatztiefe wird nun noch jeder Zerspanbereich in eine minimale Anzahl von Einzelschichten gleicher Schichtstärke unterteilt.

Frästechnologisch darf eine bestimmte Mindestschnittiefe a_{min} nicht unterschritten werden, da das Fräswerkzeug sonst nicht-schneidend abgedrängt wird. Deshalb müssen die jeweils vorangehenden Zerspanbereiche und Schichten so bestimmt werden, daß nur Schichtstärken $> a_{min}$ entstehen.

Die Zerspanbereichsunterteilung kann grundsätzlich nach zwei verschiedenen Methoden durchgeführt werden. Bild 3-14 zeigt unter A) die als Normal-Methode verwendete Aufteilung. Ist die Rohmaterialstärke a_1 auf der Insel jedoch klein im Verhältnis zu a_{zul} und die Bodenfläche A_{B1} klein gegenüber der Bodenfläche A_{B2} der Tasche, so wird sinnvollerweise die Methode B) auf der unteren Bildhälfte angewandt.

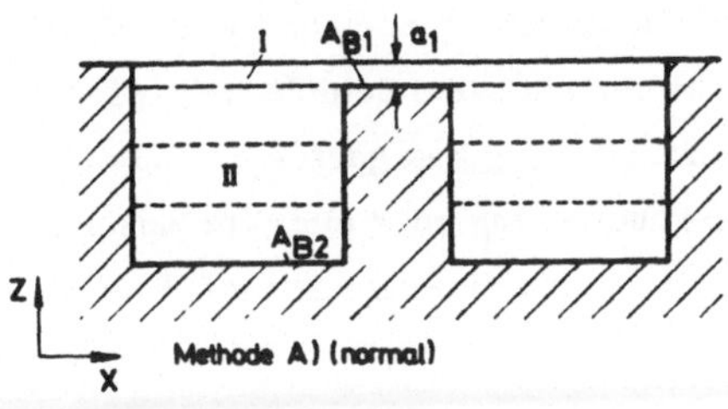

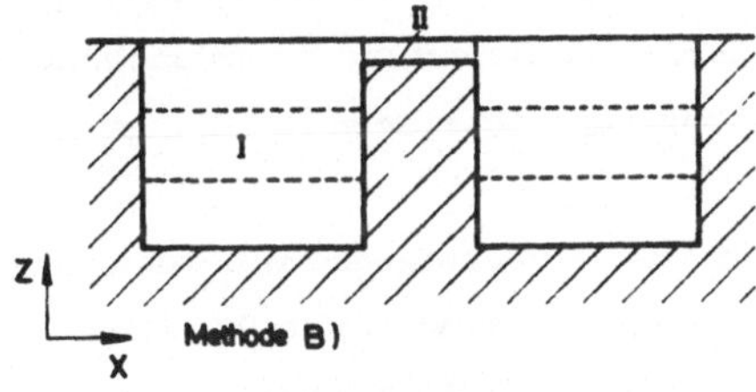

I = 1. Zerspanungsbereich
II = 2. Zerspanungsbereich
—— Zerspanungsgrenze
-------- Einzelschichtgrenze

Bild 3-14: Methoden der Schnittaufteilung

Eine Optimierung der Rechenzeit kann dadurch erreicht werden, daß der gegebenenfalls für die nachfolgend notwendige Bahnzerlegung aufzurufende Programmkomplex für jeden Zerspanungsbereich nur einmal durchlaufen wird, auch wenn ein Bereich in mehreren Einzelschichten zu zerspanen ist.

Die Werkzeugweg-Ausgaberoutine sorgt dann dafür, daß die berechneten Werkzeugwege der jeweils 1. Schicht eines Bereichs nicht neu berechnet, sondern nur unter Abänderung der Z-Werte für die folgenden Schichten des Bereichs kopiert werden, was eine erhebliche Rechenzeiteinsparung bedeutet (vgl. Bild 6-1). Hierbei wird zwischen relativen Z-Werten (z.B. Sicherheitsabstand) und absoluten Z-Werten (z.B. Abheben auf Sicherheitsebene) unterschieden.

Die Verfahrwege vom Bearbeitungsendpunkt einer Schicht i zum Bearbeitungs-Anfangspunkt der nächsten Schicht i+1 wird von den Ergebnissen der Arbeitsablaufermittlung aus gesteuert und erfolgt entweder durch eine einfache Z-Zustellbewegung oder aber im Zusammenhang mit automatisch ermittelten Positionierbewegungen mit Kollisionskontrolle (vgl. Kapitel 3.4.3.).

Für Schlicht- oder Feinschlichtbearbeitung an Umfangs- und Bodenflächen oder Teilflächen hiervon liefert die Arbeitsablaufermittlung ebenfalls die für die Bearbeitung notwendigen Detailangaben.

Zerfällt eine Konturkonstellation aufgrund von Konturengstellen bei vorgegebenem Fräserdurchmesser in Konturteilbereiche, so wird die Schnittaufteilung für diese Konturteilbereiche jeweils getrennt und die Zerspanung damit optimaler durchgeführt.

3.4.3. Startpunktbestimmung, Positionierung

3.4.3.1. Startpunktbestimmung

Der Startpunkt einer Bearbeitung kann in den 'APT-like-languages' durch die sogenannten Positionieranweisungen definiert bzw. angefahren werden: im 3-dimensionalen Fall durch die Methode der 'drive-, part- und check-surface', wenn der Anfahrpunkt explizit nicht angegeben werden kann, oder aber z.B. durch eine einfache GOTO/X,Y,Z -Anweisung, wenn die Koordinaten des Startpunktes explizit bekannt sind. Es ist dabei dem Programmierer überlassen, eine mehr oder weniger günstige Lage für die Startposition auszuwählen.

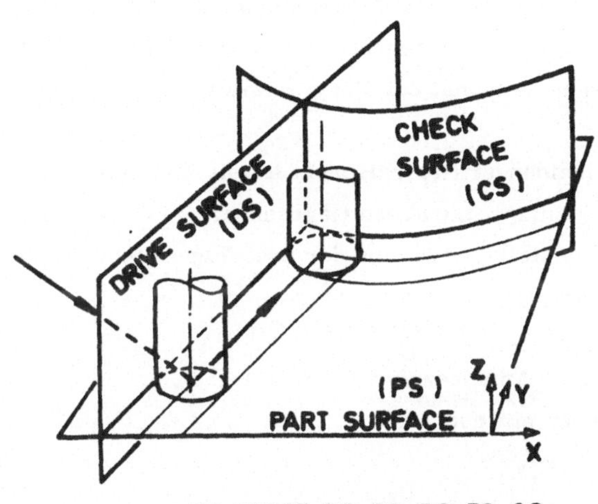

Bild 3-15: Positionierung

Da jedoch aufgrund des Beschreibungsverfahrens Werkstücke programmierbar sind, deren Rohteilvolumen sich aus ineinandergeschachtelten zylindrischen Teilvolumina zusammensetzt - etwa eine Tasche innerhalb einer Tasche -, ergibt sich die Notwendigkeit, daß für einen einzigen Bearbeitungsstellen-Aufruf (CUT-Aufruf) mehrere Anfahr- bzw. Bearbeitungsstartpunkte bekannt sein müssen, d.h. je ein Startpunkt für jede Teilbearbeitung der aufgerufenen Bearbeitungsfolge. Dies gilt auch für den Fall, daß eine Bearbeitungsstelle aufgrund von Konturengstellen in Teilbereiche zerfällt.

Für die Auswahl einer bestimmten Stelle als Bearbeitungsstartpunkt sind verschiedene Gesichtspunkte zu beachten: Etwa die Lage der Hauptbearbeitungsrichtung beim Pendelfräsen oder die Lage des Fräsers am Ende der vorangegangenen Teilbearbeitung usw. Solche Kriterien für die Anfahrpunktbestimmung sind programmtechnisch faßbar. Es ist dadurch möglich, die Bestimmung der Bearbeitungsstartpunkte dem Rechenprogramm zu überlassen, zumal dabei auf Werte zurückgegriffen werden kann, die erst im Verlauf der Verarbeitung entstehen (z.B. Bearbeitungsendpunkt der vorangegangenen Bearbeitung) und für den Teileprogrammierer zum Zeitpunkt der Programmierung nicht greifbar sind.

Ein sehr entscheidender Gesichtspunkt ist die Frage des Vorbohrens am Startpunkt. Entsprechend den Gegebenheiten (Werkzeugtyp und Art der Bearbeitungsstelle) muß eine der drei folgenden Möglichkeiten ausgesucht werden:

- seitliches Anfahren (vgl. Bild 3-16, A.),
- Absenken mit dem Fräser (z.B. mit Langlochfräser),
- Vorbohren .

Seitliches Anfahren der Bearbeitungsstelle liegt vor allem beim Fräsen mit Messerköpfen vor(Planfräsen) sowie teilweise beim Konturfräsen. Voraussetzung hierfür ist wenigstens eine frei anfahrbare Kante der Kontur. Bei teilweise offenen Taschen ist zu prüfen, ob das Werkzeug kollisionsfrei positioniert werden kann (Engstelle). Ist kein seitliches Anfahren möglich, so muß entweder das Fräswerkzeug spanend in das Material abgesenkt werden können, oder es muß eine Vorbohroperation vorangeschaltet werden. Vorbohren ist also immer dann unvermeidbar, wenn der Fräser nicht spanend ins Material abzusenken ist. Für die Auswahl können die Informationen über die Konturart, Konturkonstellation sowie über das Werkzeug herangezogen werden. Liegen z.B. mehrere Taschen ineinander, und bohrt man an der tiefsten Stelle vor, so werden unter Umständen mit einer einzigen Bohrung alle Startpositionen der einzelnen Teilbearbeitungen freigelegt; wobei jedoch diese Startpositionen für die einzelnen Teilbearbeitungen nicht unbedingt optimal sein müssen.

Eine weitere Möglichkeit besteht darin, nur unmittelbar vor der Teilbearbeitung einer Einzelschicht vorzubohren, wobei die jeweilige Vorbohrposition u. a. nach dem Gesichtspunkt des kürzesten Verfahrweges von der aktuellen Ausgangsstelle zum neuen Startpunkt ausgesucht wird. Für den letzten Fall bieten sich programmtechnisch zwei Möglichkeiten an:

Da die Bohr- und Frästechnologie in 2 getrennten Programmteilen behandelt wird (vgl. hierzu auch Kapitel 6.), ist jeweils beim Wechseln von Bohren nach Fräsen und umgekehrt ein Umladen der Programmteile notwendig, was sich bezüglich der Rechenzeit bemerkbar macht, wenn das vom Interpretativen-Geometrischen Funktionsblock erzeugte Zwischenergebnis (CLDATA 1) linear abgearbeitet werden soll.

Die zweite Möglichkeit besteht darin, von den CLDATA 1 ausgehend zunächst alle Fräsbearbeitungen zu behandeln und die Ergebnisse zwischenzuspeichern; anschließend alle programmierten Bohrbearbeitungen sowie solche, die aufgrund der Fräswegberechnung als notwendig erkannt worden sind, zu berechnen und zusammen mit den auf dem Zwischenspeicher bereitstehenden Informationen über die Fräserwege entsprechend der in den CLDATA 1 vorgegebenen Bearbeitungsreihenfolge als CLDATA 2 auszugeben. Dadurch wird erreicht, daß die Programmteile für Bohr- und Frästechnologie nur ein einziges mal geladen werden müßten. Allerdings wäre diese Lösung programmtechnisch um einiges aufwendiger, sodaß der Rechenzeitgewinn infolge nur einmaligen Umladens fraglich wird.

3.4.3.2. Positionierung

Wird am Ende einer Teilbearbeitung (z.B. nach Bearbeitung einer Schicht oder eines Bereichs) ein neuer Startpunkt für die aufgrund der Schnittaufteilung ermittelte, nachfolgende Teilbearbeitung automatisch bestimmt, so ist auch der Verfahrweg vom Endpunkt der vorangegangenen Teilbearbeitung automatisch zu bestimmen. Hierbei muß zwischen folgenden Anwendungsfällen unterschieden werden:

- Positionierbewegung vom Endpunkt einer Schichtbearbeitung zum Anfangspunkt der nächsten Schicht in ein-und -derselben Tasche;
- Positionierung vom Endpunkt einer Taschenbearbeitung zum Anfangspunkt einer weiteren Tasche;
- Positionierbewegungen vom Endpunkt einer Bearbeitungsstelle zum Anfangspunkt einer neuen Bearbeitungsstelle;
- Positionierbewegungen vom Endpunkt einer Schlicht- oder Feinschlichtbearbeitung zum Anfangspunkt einer weiteren Schlicht- oder Feinschlichtbearbeitung an den Umfangsflächen einer oder mehrerer ineinander geschachtelter Taschen bzw. Inseln.

Gegebenenfalls kann die Positionierung über einen Werkzeugwechselpunkt führen, d.h. sie zerfällt in zwei Teile.

Entsprechend den Anwendungsbereichen müssen verschiedene Methoden verwendet werden. Zwei Fragen sind hierbei maßgebend:

- Muß bei der Positionierung die Z-Position des Fräsers beibehalten werden oder darf in Z-Richtung abgehoben werden?
- Ist eine geradlinige Positionierung kollisionsfrei durchzuführen oder sind Hindernisse zu umfahren?

Abhebebewegungen können auf einer Sicherheitsebene erfolgen oder aber nur um Sicherheitsabstand über dem zu überquerenden Hindernis. Wenn die Z-Position beizubehalten ist, können Hindernisse nur bezüglich X/Y umfahren werden. Ein äquidistantes Umfahren ist dabei vielfach nicht der kürzeste Verfahrweg, sodaß hier durch tangentiales Umfahren eine Optimierung des Verfahrweges durchgeführt wird.

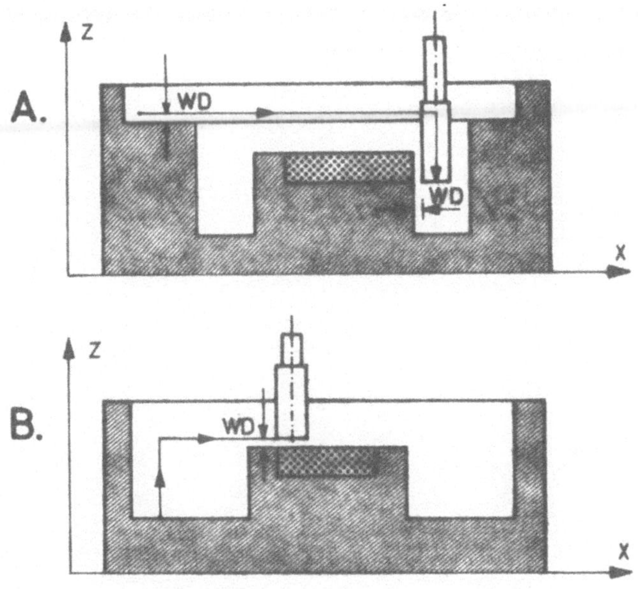

Bild 3-16: Positionierung

Ist die Bedingung der konstanten Z-Position nicht gegeben, so kann Umfahren oder Überfahren ausgeführt werden. Die Positionierzeit ist dabei das Optimierkriterium. Der 'compiler' berechnet und speichert den Anfahrweg durch Abheben des Werkzeuges in Z-Richtung und Überfahren eventueller Hindernisse im Sicherheitsabstand; anschließend bestimmt er den Anfahrweg durch kollisionsfreies Umfahren der Hindernisse. Dabei wird bei jedem neu berechneten Anfahr-Zwischenpunkt geprüft, ob die bisher aufgelaufene Verfahrzeit t_1 zum Umfahren der Hindernisse grösser ist als die für den mit Abheben berechneten Werkzeugweg benötigte Zeit t_2. Da ein möglichst kurzer Verfahrweg gefordert wird, werden die Berechnungen des Umfahrens abgebrochen, sobald die Bedingung $t_1 > t_2$ erfüllt ist.

Zu beachten ist, daß die Zeiten t_1 und t_2 aufgrund von Vorschubwerten berechnet werden. Da insbesondere die Geschwindigkeiten der Bewegungen, die im Eilgang bzw. mit maximalem Vorschub auszuführen sind, von der verwendeten Werkzeugmaschine abhängen, müssen diese Werte in der Maschinendatei enthalten sein.

3.4.4. Bahnzerlegung

In den vorangegangenen Kapiteln wurde erläutert, wie die Beschreibung einer Fräsbearbeitung aufzubereiten bzw. zu formulieren ist, damit sie für die Verarbeitung durch ein Rechenprogramm ('compiler') geeignet ist. Weiterhin wurde dargelegt, nach welcher Methode eine Fräsbearbeitung in Teilprobleme - wie Schnittaufteilung, Positionierung, Bahnzerlegung und Schnittwertbestimmung - zerlegt werden muß. Die Schnittaufteilung hat dabei das 2 1/2-dimensionale Fräsproblem für die Bahnzerlegung weitgehend auf ein 2-dimensionales reduziert. In diesem Kapitel soll nun der Problemkreis der Bahnzerlegung diskutiert werden.

Zwei prinzipielle Zerlegungsverfahren bieten sich an:
Zerspanung in Bahnen, die äquidistant zur Kontur verlaufen (1), oder Zerspanung in zickzackförmig verlaufenden Fräsbahnen ("Pendelfräsen") (2).

Die Methode (1) ist im Prinzip von APT [15] her bekannt. Sie unterliegt hier jedoch der Vorschrift, daß die Kontur aus Geradenelementen bestehend einen konvexen Polygonzug bilden muß. Technologisch gesehen bedeutet dies, daß die Bearbeitung von der Außenkontur nach innen ('spiral-mode') auf ein einziges Zentrum zustrebt und keine sonstigen Restpartien entstehen dürfen. Außerdem wird an den Eckpunkten des Polygonzuges jeweils der Fräserradius als Verrundung abgebildet. Es sind Vorschläge bekannt [40], welche versuchen, die gegebenen Einschränkungen aufzuheben oder zu umgehen; und zwar insbesondere durch manuelle Vorarbeiten, die sich auf die Einführung der Methode (2) zusammen mit einer günstigen Startpunkt-Angabe und Unterteilung der gesamten Bearbeitungsstelle in Bearbeitungsteilbereiche beziehen. Diese Teilbereiche sind dabei so zu wählen, daß sie wiederum den oben angeführten APT-Bedingungen genügen. Insgesamt kann ein derartiger Versuch jedoch nur als Notlösung betrachtet werden. Für die Methode (1) (äquidistante Abarbeitung) ist unter dem Namen MEANDR-Bearbeitung [41] eine Lösung vorgeschlagen.

P e n d e l f r ä s e n

Neben der äquidistanten Abarbeitung des vorgegebenen Rohteilvolumens hat sich in der Praxis besonders die Methode des Pendelfräsens (2) eingeführt, und zwar in der konventionellen wie auch in der NC-Fertigung. Das Planfräsen einer größeren Fläche ist von der herkömmlichen Bearbeitung wohl das bekannteste Beispiel. Diese Methode des Pendelfräsens wird in diesem Kapitel über die Bahnzerlegung näher betrachtet; dabei werden verschiedene Möglichkeiten der Bearbeitungszeit-Optimierung aufgezeigt und Fragen der Kollisionskontrolle erörtert. Ein Großteil der dargelegten Lösungsprinzipien ist für die äquidistante Bearbeitung (Methode (1)) analog anwendbar. Schließlich wird gezeigt, wie die Bahnzerlegung von den vorangegangenen Teillösungen (Schnittaufteilung, Positionierung) abhängt, soweit diese Teillösungen nicht bereits auf die nachfolgende Bearbeitungsmethode Rücksicht genommen haben (vgl. Startpunktbestimmung). Das erarbeitete Verfahren soll fernerhin als ZIGZAG-Methode bezeichnet werden (vgl. Bild 5-5).

Beim Taschenfräsen setzt sich die ZIGZAG-Bearbeitung aus dem Konturschnitt sowie aus einer wechselweisen Aufeinanderfolge von "Vorschubbewegung" längs einer "Bahn" und "Zustellbewegung" (parallel zur X-Y-Ebene) vom Endpunkt einer Bahn zum Anfangspunkt der nächsten Bahn zusammen, wobei die unter einem programmierten Winkel nebeneinander liegenden Bahnen jeweils gegensinnig durchlaufen werden, während die Zustellbewegung zunächst einer Hauptrichtungskomponente folgt (vgl. Bild 3-17).

Für die folgenden Verfahren wird davon ausgegangen, daß das Fräswerkzeug vorgegeben und bereits an der Bearbeitungsstelle positioniert worden ist (vgl. Kapitel 3.4.3.).

Der Konturschnitt kann wahlweise als erste oder als letzte Bearbeitungsoperation ausgeführt werden. Beim Pendelfräsen von Flächen sowie beim

Fräsen von teilweise offenen Taschen (vgl. Bild 3-8) entfällt der Konturschnitt ganz oder teilweise.

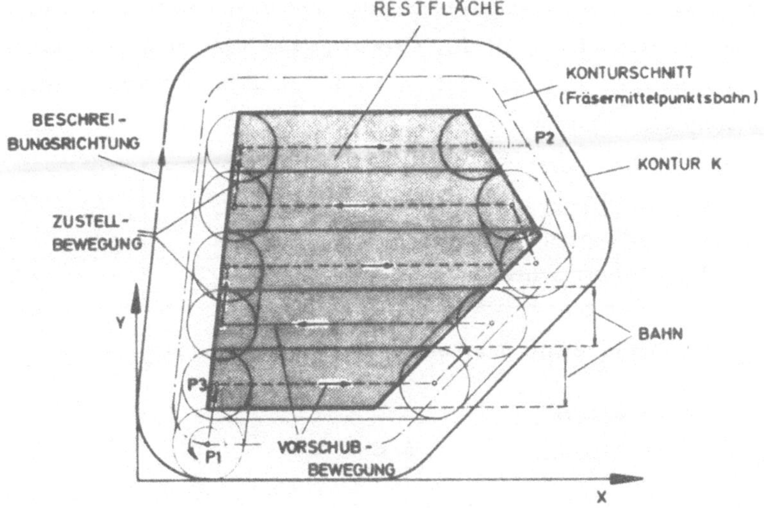

Bild 3-17: ZIGZAG - Bahnzerlegung (Begriffe)

Unabhängig von der gewünschten Reihenfolge wird der Konturschnitt jedoch stets zuerst berechnet und intern gespeichert. Dadurch ist es möglich, sofort die durch reines Pendelfräsen zu bearbeitende Restfläche zu bestimmen. Außerdem werden dadurch Engpässe und eine demzufolge entstehende Aufteilung der Restfläche in Teilbereiche ermittelt. Ist der Konturschnitt erst am Ende der Bearbeitung auszuführen, so bleiben die bereits berechneten Konturschnitt-Werkzeugwege solange gespeichert, bis die Berechnung und Ausgabe der übrigen Werkzeugwege abgeschlossen ist. Als Startpunkt für den Konturschnitt ist dann der Schnittpunkt der letzten Vorschubbewegung mit der Fräserradiusäquidistanten zu nehmen (P2 in Bild 3-17). Dieser Punkt wird jedoch im allgemeinen nicht mehr mit dem ursprünglichen Konturschnitt-Startpunkt identisch sein, sodaß die bereits berechneten Konturschnitt-Koordinatenwerte unter Hinzufügung des neuen Startpunktes in ihrer Reihenfolge zu 'shiften' und dann auszugeben sind.

Ebenso steht dem Teileprogrammierer für den Kontur- bzw. Schlichtschnitt die Wahl zwischen Gleich- und Gegenlauffräsen frei. Der 'compiler' kann der Werkzeugdatei für das programmierte Werkzeug die Information über die Werkzeugdrehrichtung entnehmen und damit entsprechend die Umlaufrichtung für den Werkzeugweg längs der Kontur festlegen. Rechnerisch geschieht das einfach durch Zuweisung von Wertigkeiten gemäß folgender Tabelle :

A = Konturart	+1 Insel	-1 Tasche
B = Werkzeugdrehrichtung	+1 ↺	-1 ↻
C = Konturbeschreibungsrichtung	+1 ↺	-1 ↻

Folgt der Konturschnitt der Konturbeschreibungsrichtung, so gilt

für Gleichlauf: $A \cdot B \cdot C > 0$

für Gegenlauf : $A \cdot B \cdot C < 0$

Stimmt die Bedingung mit der Forderung nicht überein, so hat der Konturschnitt entgegen der Konturbeschreibungsrichtung zu erfolgen.

Verfahrweg-Optimierung

Die nach der Berechnung des Konturschnitts verbleibende Restfläche wird nun nach dem Pendelfräsverfahren zerspant; beginnend mit einer Zustellung vom berechneten Konturschnitt-Endpunkt P1 zur ersten Bahn (P3) . Der Anfangs- und Endpunkt jeder Vorschubbewegung könnte z.B. jeweils auf der Fräsermittelpunktsbahn des Konturschnitts liegen. Er wird jedoch in Abhängigkeit von der Steigung des Konturelements zur Vorschubrichtung so berechnet, daß der Verfahrweg genau nur so lang ist, als zum Abspanen der Bahn notwendig ist - jeweils unter Einhaltung der mittels der SWATH-Angabe geforderten Bahnüberdeckung. Dabei kann pro Bahn-Vorschubweg eine Strecke von maximal 2·Fräserdurchmesser eingespart werden. Dies stellt eine der Möglichkeiten zur Optimierung der Bearbeitungszeit dar (vgl. Bild 3-18).

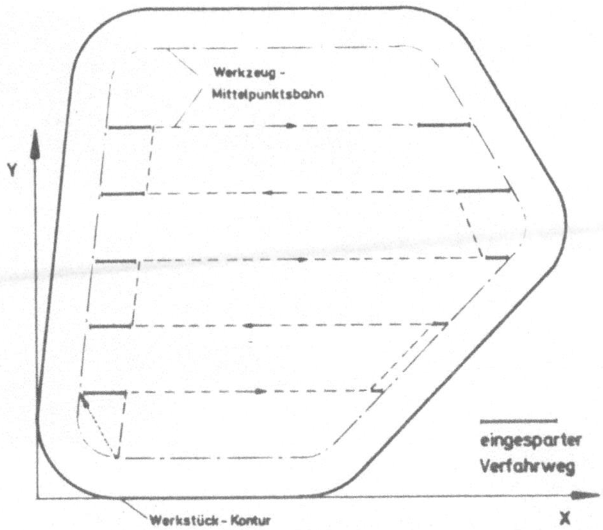

Bild 3-18: ZIGZAG-Bahnzerlegung (Verfahrweg-Optimierung)

Verallgemeinert bedeutet dies folgende Aufgabenstellung:

> Die eine Bahnbreite bestimmenden Parallelen G1 und G2 schneiden aus der Kontur K ein Konturteilstück (P1 ⟶ P2) heraus. Gesucht ist der Halbkreis bzw. sein Mittelpunkt, der bezogen auf die aktuelle Vorschubrichtung unmittelbar vor dem Konturteilstück liegt (vgl. Bild 3-19).

Der Endpunkt jeder Zustell- und Vorschubbewegung wird dieser Optimierung unterzogen. Die Vorschubbewegung besteht zwangsläufig aus wechselweisem Gleich- und Gegenlauffräsen für eine Eingriffsbreite < 50 % des Fräserdurchmessers, solange G1 Tangente an den Fräskreis ist. Ist die Eingriffsbreite größer als 50 %, so liegt stets gemischtes Gleich- und Gegenlauffräsen vor.

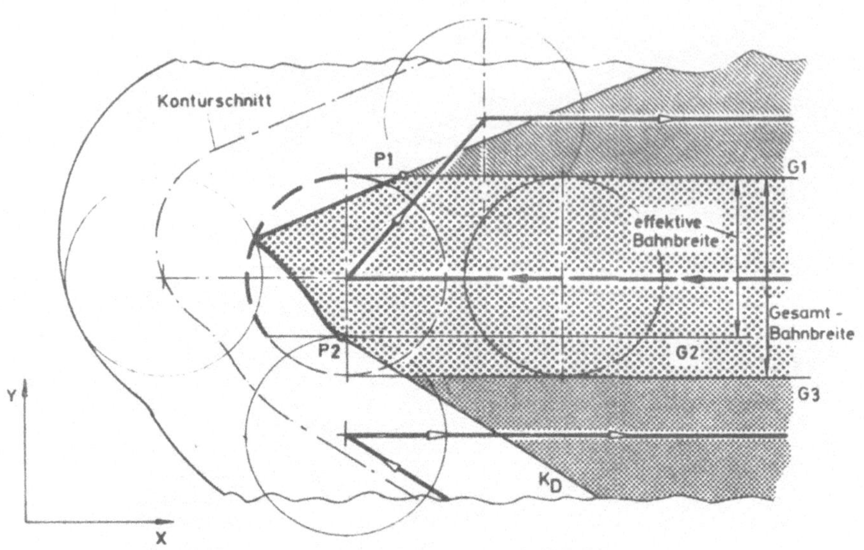

Bild 3-19: ZIGZAG - Bahnzerlegung (Methode)

Geschachtelte Konturen

Es besteht nun die Aufgabe, Konturen, die sich beliebig aus Geraden- und Kreisabschnitten zusammensetzen können, im Pendelfräsverfahren abzuarbeiten; und zwar auch dann, wenn sich die Bearbeitungsstelle aus mehreren Konturen (z.B. Inseln in einer Tasche) zusammensetzt.

Die dabei auftretende Problematik soll zunächst an einem Beispiel aufgezeigt werden. In Bild 3-20 ist eine Bearbeitungsschicht einer Tasche (KON 1) mit einer Insel (INS 1) abgebildet, die mittels der CUT-Anweisung zu der in der WORK-Anweisung definierten Bearbeitung aufgerufen ist. Die Bearbeitungsdefinition sagt aus, daß in der ZIGZAG-Methode parallel zur X-Achse (XPAR) mit dem Werkzeug Nr. 1 auf Magazinplatz Nr. 1 (TOOL, 1, 1) geschruppt (ROUGH) werden soll. Die Fräsereingriffsbreite soll 80 % des Fräserdurchmessers betragen (SWATH, 80), was eine 20 %-ige Überdeckung der einzelnen Fräsbahnen bedeutet. Der Konturschnitt soll - unabhängig von der Kontur-Beschreibungsrichtung -

im Gleichlauffräsen (DWNCUT) am Beginn der Bearbeitung (DECRES) ausgeführt werden. Die Schnittwerte sollen infolge fehlender Angaben intern mittels eines Schnittwertmodells [42] unter Zuhilfenahme von Werkstoff-, Werkzeug- und Maschinendatei ermittelt werden. Der aufgrund dieser Anforderungen ausgeführte Werkzeugweg ist in Bild 3-20 durch Zahlen und Pfeile gekennzeichnet. Bild 3-21 erklärt die einzelnen Punkte in kurzer Form.

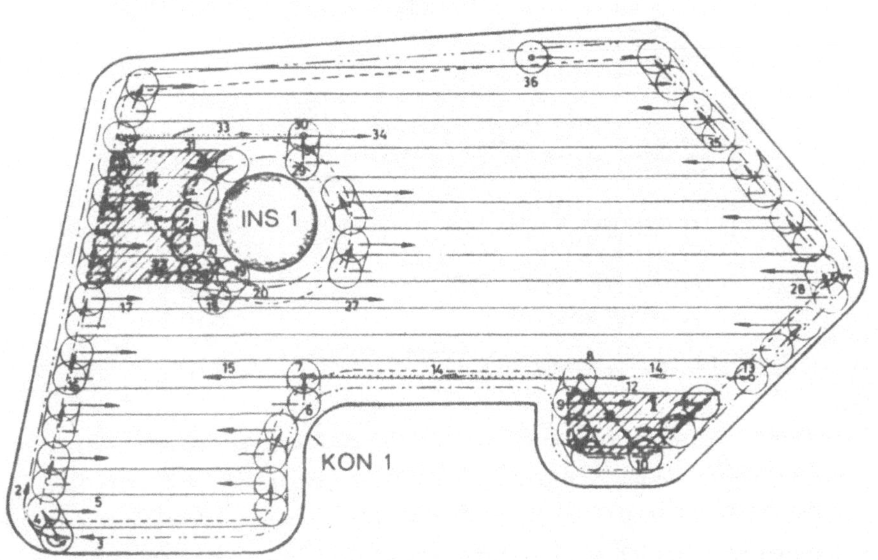


```
WORK/(FACMIL/SO,ZIGZAG,XPAR,DECRES,DWNCUT,TOOL,1,1,SWATH,80,ROUGH)
CUT / OUT,KON1, ZO, IN,INS1
```

Bild 3-20: ZIGZAG - Bahnzerlegung (Beispiel)

1 STARTPUNKT
2 KONTURSCHNITT DER UMFASSENDEN KONTUR (ANFANG)
3 KONTURSCHNITT DER UMFASSENDEN KONTUR (ENDE)
4 1. ZUSTELLUNG FUER ZIGZAG-BEARBEITUNG
5 1. VORSCHUBBEWEGUNG FUER ZIGZAG-BEARBEITUNG
. . . .
6 THEORETISCHE ZUSTELLUNG VON PUNKT 6 NACH PUNKT 13. DABEI WUERDE DAS RESTVOLUMEN I ZUNAECHST STEHEN BLEIBEN,DAHER NUR ZUSTELLUNG BIS PUNKT 8 UND SOFORTIGE ABARBEITUNG DES RESTVOLUMENS I UNTER UMKEHRUNG DER ZUSTELLRICHTUNG
7 ZUSTELLUNG VON 6 ERFOLGT HIER UEBER 7 NACH 8, DA GERADLINIGE ZUSTELLUNG VON 6 NACH 8 DIE AUSSENKONTUR SCHNEIDEN WUERDE
9 (NEGATIVE) ZUSTELLUNG ZUR ABARBEITUNG DES RESTVOLUMENS I
10 ENDPUNKT DER RESTVOLUMENABARBEITUNG (I)
11 RUECKFAHRBEWEGUNG (MAX. VORSCHUB) ZU AUSGANGSPUNKT 8
12 REST DER ZUSTELLUNG 6 - 13 (VGL. PUNKT 6)
13 ZUSTELLENDPUNKT
14 VORSCHUB BIS PUNKT 7 (GEGEBENENFALLS MIT MAX. VORSCHUB)
15 VORSCHUB BIS PUNKT 16
. . . .
17 VORSCHUB BIS PUNKT 28, JEDOCH NUR BIS PUNKT 18 AUSGEFUEHRT, UM DAS BEI DIESER VORSCHUBBEWEGUNG ENTSTEHENDE RESTVOLUMEN II ABSPANEN ZU KOENNEN
19 ZUSTELLUNG BIS ZUR AEQUIDISTANTEN DER INSEL INS1
20 KONTURSCHNITT DER INSEL INS1 (ANFANG)
21 KONTURSCHNITT DER INSEL INS1 (ENDE)
22 ZUSTELLUNG AUF ZIGZAG-BAHN
23 ERSTER VORSCHUB ZUR ABARBEITUNG DES RESTVOLUMENS II
24 LETZTER VORSCHUB ZUR ABARBEITUNG DES RESTVOLUMENS II
25 ENDPUNKT DER RESTVOLUMENABARBEITUNG
26 RUECKFAHRBEWEGUNG ZUM AUSGANGSPUNKT 18 (MAX. VORSCHUB)
27 FORTSETZUNG DES VORSCHUBS VON 17 NACH 28
. . . .
29 ENDPUNKT EINER VORSCHUBBEWEGUNG
30 ZWISCHENPUNKT DER ZUSTELLUNG VON 29 NACH 32
31 ZWEI ABSCHNITTE DER ZUSTELLUNG (VGL. 6-7-8)
32 ZUSTELLENDPUNKT
33 VORSCHUB BIS PUNKT 30 (GEGEBENENFALLS MIT MAX.VORSCHUB)
34 VORSCHUB BIS PUNKT 35
. . . .
36 BEARBEITUNGSENDPUNKT

Bild 3-21: Erläuterung zu Bild 3-20

Während an der oben erwähnten wechselweisen Richtungsänderung der Vorschubbewegung um 180 Grad und an der Hauptrichtungskomponenten der Zustellbewegung im Normalfall festgehalten wird, kann in bestimmten Sonderfällen davon abgewichen werden. Dies tritt auf, wenn nach dem Überfahren eines Kontur-Zwischenmaximums (vgl. Bild 3-20, Verfahrweg von Punkt 7 direkt nach 13) und nachfolgender Vorschub- bzw. Zustellbewegung (13-14-15) ein Rest-Rohteilvolumen (I) entgegen der Zustellrichtung zurückbleiben würde. Tritt eine derartige Konstellation auf, so wird die Hauptrichtungskomponente der Zustellung an derjenigen Stelle umgekehrt, an der das potentielle Restvolumen das erste Mal erreicht wird (8), und dann das Restvolumen abgespant. Während einer Restvolumenabarbeitung können selbstverständlich weitere Restvolumina entstehen, die dann derselben Abarbeitungs-Gesetzmäßigkeit unterliegen.

Da bei diesem Fräsprogramm auf eine jeweilige Zwischenaktualisierung [35] der erreichten Fertigteilkontur bzw. Restrohteilkontur zugunsten einer Speicherplatzminimierung verzichtet wurde, muß zur Steuerung einer derartigen geschachtelten Restvolumen-Abarbeitung ein Hierarchieprogramm verwendet werden, das zudem ein Zurückfinden zu den einzelnen Abweichungspunkten (10 → 8) gewährleistet. Diese Rückfahrwege unterliegen außerdem einer speziellen Kollisionskontrolle und Verfahrwegoptimierung. Ist eine Bahn teilweise schon zerspant (z.B. infolge einer Zustellung 7-8-12-13), so kann dieses Stück mit maximalem Vorschub überfahren werden (13-14).

Liegt in einer Vorschubbahn eine Insel (INS 1), so wird hier ähnlich der Restvolumenstrategie verfahren, jedoch bleibt die Hauptrichtungskomponente der Zustellbewegung bestehen (18-19). Im Fall des Beispiels wird bei erstmaligem Auftreffen auf die Kontur zuerst der Konturschnitt (19-20-21) durchgeführt (DECRES), dann erfolgt die Restvolumenabarbeitung ("Insel-Schatten" II) bis zum Inselmaximum (22-23-24-25) mit der Rückfahrbewegung (26) zum Abweichungspunkt (18), von wo aus der Normalzyklus fortgesetzt wird.

Dem hier an einem Beispiel angedeuteten Abarbeitungsmechanismus muß selbstverständlich eine Logik zugrunde liegen, die es erlaubt, die Werkzeugwege für beliebige Konturkonstellationen richtig zu ermitteln; d.h. es muß bei einem allgemeinen Lösungsweg eine hohe Komplexität zugrunde gelegt werden, von der in der Praxis freilich am einzelnen Werkstück nur ein kleiner Zweig in Anspruch genommen wird, jeweils jedoch ein anderer. Praktisch bedeutet dies, daß sowohl mehrere Restpartien gleichzeitig (d.h. während einer Vorschubbewegung) entstehen können als auch, daß bei der Abarbeitung einer Restpartie weitere Restpartien auftreten können ("geschachtelte Restpartien").

Als Beispiel für die programmtechnische Lösung solcher Probleme sei hier auf die Restpartie-Erkennung und -Abarbeitung näher eingegangen:

Restpartie-Erkennung

Die beiden Parallelen G1 und G2 (vgl. Bild 3-22), welche die Gesamtbahnbreite bestimmen, bilden mit der Kontur K_D bei der aktuellen Fräserposition M1 im allgemeinen die Schnittpunkte P1 und P2 (Sonderfälle müssen zwar programmtechnisch erfasst werden, sind jedoch hier bei der Prinzip-Beschreibung unwesentlich). Von diesen Punkten aus wird die Kontur K und die Kontur K_D in Richtung der neuen Vorschubbewegung geschnitten. Programmtechnisch bedeutet dies, daß alle Konturelemente der beiden Konturen auf Schnittpunkte mit den Schnittgeraden geprüft werden müssen. Als echte Schnittpunkte sind jedoch nur diejenigen zu betrachten, die auf der positiven Hälfte der Schnittgeraden und auf den Abschnitten der die Konturelemente bildenden Geraden und Kreise liegen. Berührpunkte zählen als Doppelpunkte.

Gleichzeitig wird die Entfernung vom Schnittausgangspunkt berechnet. Da für jede Vorschub- und Zustellbewegung Schnittpunkte zu suchen sind, zeigt sich hier deutlich, daß es sinnvoll ist, das Schnittpunkts-Berechnungsprogramm möglichst rechenzeitoptimiert auszulegen bzw. sonstige Maßnahmen zu treffen, wie etwa eine Verschiebung der Konturen in den 1. Quadranten und Drehung auf X-parallele Bahnen.

Es werden 4 Arten von Schnittpunkten unterschieden:

Typ	Zeichen	Schnittelemente
I	■	G1 / K
II	●	G2 / K
III	□	G1 / K_D
IV	o	G2 / K_D

Die Schnittpunkte mit der Kontur K (■, ●) geben Auskunft über die Kollision, die mit der Kontur K_D (□, o) geben Auskunft über entstehende

Restpartien. Dies bedeutet, daß der in kürzester Entfernung vom aktuellen Fräsermittelpunkt liegende Schnittpunkt auf K den Vorschub begrenzt. Bis dorthin sind dann auch die Schnittpunkte mit K_D interessant.

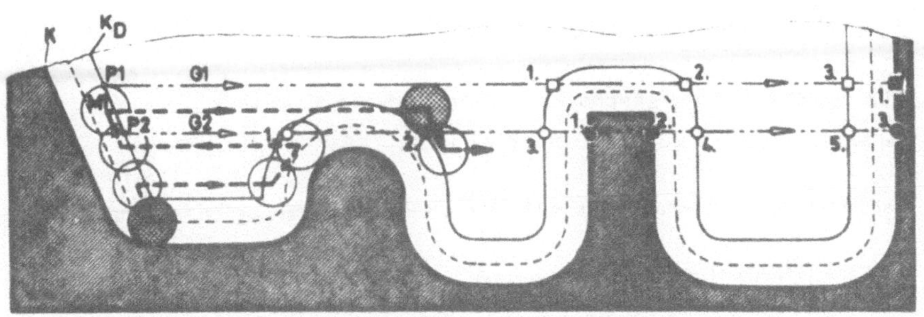

Bild 3-22: Restpartie-Erkennung

Bezeichnet man die Anzahl der Schnittpunkte vom Typ i mit N(i), so gilt für die Anzahl der Restpartien NREST (i) :

für [N (III) = 1 & N (IV) = 1] ⟶ keine Restpartie

für (N (III) > 1) ergibt sich: NREST (III) = (N (III) + 1) : 2

für (N (IV) > 1) ergibt sich: NREST (IV) = (N (IV) - 1) : 2

für [(N (III) > 1) & (N (IV) > 1)] gilt: $NREST_{ges} = \sum NREST(i)$

Jede Restpartie wird durch einen Abweichungspunkt gekennzeichnet. Dieser Punkt ist der jeweilige Startpunkt für eine Restvolumenabarbeitung, bei der von der vorgegebenen Vorschub- oder Zustellrichtung abzuweichen ist.

Ist das Restvolumen vom Typ III (d. h. es liegt in Zustellrichtung), so sind die Abweichungspunkte die ungeradzahligen Schnittpunkte vom Typ III (1,3,5,...) (nach aufsteigender Entfernung geordnet) ; bei Typ IV (entgegen der Zustellrichtung entstandene Restvolumina) die geradzahligen Schnittpunkte vom Typ IV (2,4,6,...). Bei Typ III erfolgt für die Restvolumenabarbeitung eine Umkehr der Vorschubrichtung und bei Typ IV eine Umkehrung der Zustell-Hauptrichtungskomponenten.

Abarbeitung von Restpartien

Für die Abarbeitung geschachtelt aufgefundener Restvolumina wurde folgendes Hierarchieverfahren entwickelt:

Jeder Abweichungspunkt ist gekennzeichnet (bzw. gespeichert) durch:

A) eine Hierarchie-Nummer,

B) die X-Y-Koordinaten des Bearbeitungsstartpunktes (Fräsermittelpunkt) für das zugehörige Restvolumen (Abweichungspkt.),

C) die am Abweichungspunkt vorzunehmende Änderung der Vorschub- oder Zustellrichtung (bzw. Hauptrichtungskomponenten).

Hierzu folgendes Beispiel:

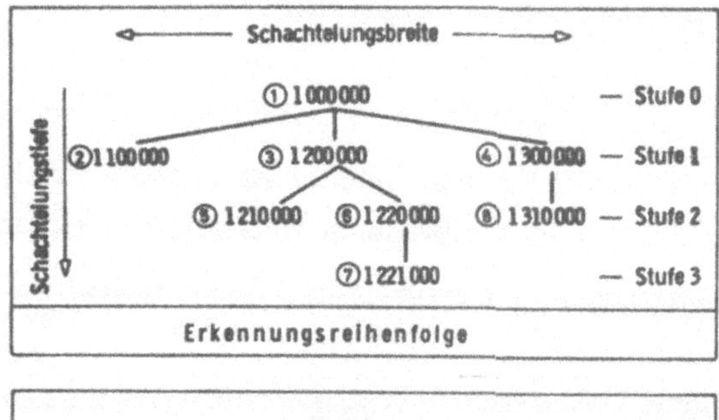

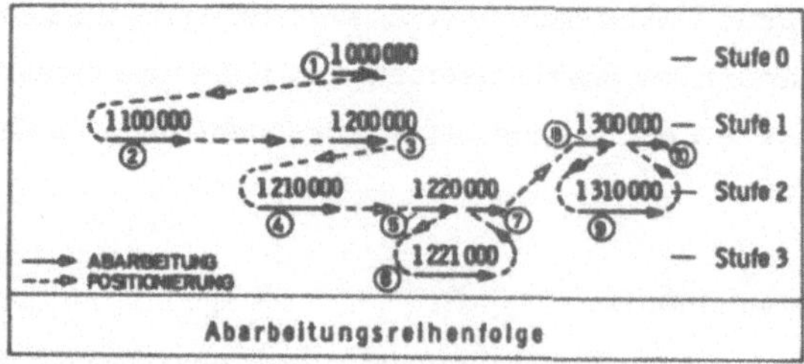

Bild 3-23: Abarbeitungshierarchie

Der Startpunkt einer Bearbeitung erhält die Ausgangs-Hierarchie-Nummer 1 000 000; ihre Stellenzahl (hier z.B. 7) bestimmt die zulässige Schachtelungstiefe (Stufen). Entstehen während einer Vorschubbewegung z.B. 3 Restpartien, so erfolgt eine Verzweigung auf die nächst tiefere Stufe. Jedem Abweichungspunkt werden dann die oben erwähnten 3 Grössen (A,B,C) zugeordnet. Die neuen Hierarchienummern werden dabei von der jeweils vorangehenden abgeleitet:

Bei Stufenänderung durch Erhöhung des Zahlenwertes in der nächst kleineren Dezimalstelle; bei gleicher Stufe durch Erhöhung des Zahlenwertes in derselben Dezimalstelle.

Der Kernpunkt des Verfahrens besteht darin, daß Restpartien möglichst sofort bei ihrem Entstehen abgearbeitet werden. Die Hierarchienummer des gerade in Bearbeitung befindlichen Restvolumens soll "Arbeitszahl" genannt werden. Die Abarbeitung folgt primär der Schachtelung in die Tiefe und sekundär in die Breite. Dies ist gleichbedeutend mit aufsteigenden Hierarchienummern: d.h. daß die bezüglich der Arbeitszahl nächst höhere Hierarchienummer gesucht wird. Das Zurückfinden aus der Tiefe jeweils am Ende einer Restvolumenabarbeitung geschieht ebenfalls mittels der Hierarchienummer über die einzelnen Stufen, wobei u. U. einzelne Zwischenstufen übersprungen werden dürfen. Diese Rückfahrbewegung ist auf Kollision zu prüfen. Dazu wird das allgemein gehaltene Positionierprogramm (vgl. Kapitel 3.4.3.) verwendet. Verfahrwege von einem Abweichungspunkt zu einem nächsten in derselben Stufe werden zwangsläufig geradlinig und kollisionsfrei ausgeführt (z.B. ② nach ③). sind alle Abweichungspunkte einer Hauptverzweigung erledigt, so wird dem zuletzt bearbeiteten Abweichungspunkt die Hierarchienummer des Startpunktes (1 000 000) als neue Arbeitszahl zugewiesen - gewissermaßen als neuer Ausgangspunkt.

Andere Pendelfräsverfahren

Eine weitere Möglichkeit, Restvolumina und Insel-"Schatten" abzuarbeiten würde darin bestehen, jeweils beim Erreichen eines Hindernisses (z.B. einer Insel) in Z-Richtung abzuheben, das Hindernis zu überfahren und dahinter wieder abzusenken. Diese Methode ist zwar programmtechnisch um ein Vielfaches einfacher zu lösen, jedoch technologisch im allgemeinen nicht sinnvoll, da die Verfahrwege länger werden und unter Umständen häufig "ins Volle" abgesenkt werden muß. In der Programmiersprache 2CL [43] ist eine derartige Bearbeitung möglich. Bild 3-24 verdeutlicht diese Methode. Selbst wenn der Konturschnitt zuerst ausgeführt wird, muß mit z. T. erheblichen, zusätzlichen Verfahrwegen gerechnet werden. An den jeweiligen Abhebe- und Absenkpositionen sind dann Freischneidestellen nicht vermeidbar [14].

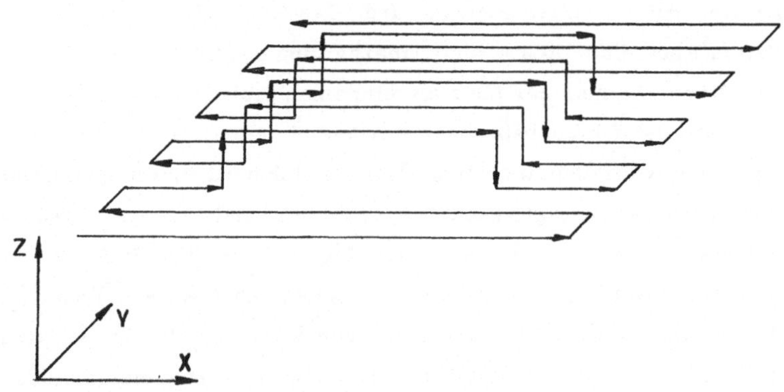

Bild 3-24: 2CL - Pendelfräsverfahren

Luftvolumina

Neben Inseln und Taschen tritt noch die bereits erwähnte dritte Konturart auf: die der teilweise vorbearbeiteten Kontur ("Luftvolumina") bzw. Taschen, deren Kontur ganz oder an bestimmten Stellen überfahrbar ist (z.B. beim Rahmenfräsen). Hier werden bei der Bahnzerlegung gegebenenfalls Eilgangbewegungen zwischengeschaltet.

Schlichtbearbeitung

Schlichtbearbeitungen an Bodenflächen werden durch dieselben Programme verarbeitet. Eine mehrmalige Zustellung in Z-Richtung entfällt dabei im allgemeinen, sofern nicht zwei getrennte Aufmaße für Schlicht- und Feinschlichtbearbeitung programmiert worden sind.

Schlichtbearbeitung an Mantelflächen wird von der Arbeitsablaufermittlung erkannt. Geschachtelte Konturen können dabei getrennt behandelt werden. Die Schlicht- bzw. Feinschlichtbearbeitung kann sowohl an einer gesamten Kontur (Konturschnitt) wie auch an Teilelementen einer Kontur ausgeführt werden - entsprechend der in der Konturbeschreibung geforderten Oberflächengüte der einzelnen Konturelemente. In letzterem Fall sind für die einzelnen Teilbearbeitungen Anfahrpunkt- und Kollisionsberechnungen durchzuführen, da nicht immer gewährleistet ist, daß das Werkzeug am Endpunkt einer Schlicht-Teilbearbeitung geradlinig den Startpunkt der nächstfolgenden Schlicht-Teilbearbeitung anfahren kann. In den Kapiteln Startpunktbestimmung und Positionierung wurde auf derartige Probleme bereits eingegangen.

Bei der Schlichtbearbeitung mit Bahnzerlegung sind noch einige Besonderheiten zu beachten: Beim Schlichten von Planflächen muß der Fräser jeweils am Ende einer Bahn vollständig außer Eingriff gebracht werden, um ein Freischneiden (in X-Y) während der Zustellbewegung zu vermeiden. Verfahrwege im Eilgang bzw. maximalen Vorschub über bereits geschlichtete Flächen müssen von einer Z-Abhebebewegung vom Betrag des Sicherheitsabstandes (CLDIST) eingeleitet werden. Beim Konturschnitt kann eine Überdeckung des Fräsweges an der Startposition durch Angabe eines bestimmten Wertes (mittels der GOOVER-Anweisung) programmiert werden. Beim Konturschnitt an offenen Konturen wird dieser Wert dazu benutzt, das Werkzeug mit Vorschubgeschwindigkeit von einer um den angegebenen Betrag vor der Bearbeitungsstelle liegenden Position aus an die Bearbeitungsstelle heranzuführen. Ein zweiter entsprechender Wert gilt für das Verlassen der Bearbeitungsstelle am Ende der Bearbeitung.

Die Erkennung von "Luftlöchern" (z.B. Tasche innerhalb einer Tasche) sowie von Hindernissen (Inseln) wurde in der "Schnittaufteilung" (Kapitel 3.4.2.) bereits erörtert.

Arbeitsablauf-Sicherung

Die Reihenfolge von Schrupp- und Schlichtbearbeitung an mehreren Bearbeitungsstellen kann vom Teileprogrammierer beeinflußt werden. Bei Schrupp- und Schlichtbearbeitungen mit verschiedenen Werkzeugen kann es sinnvoll sein, zuerst alle Schruppbearbeitungen und anschließend alle Schlicht- und Feinschlichtbearbeitungen auszuführen, um einen häufigen Werkzeugwechsel zu vermeiden. Dies gilt vor allem dann, wenn die NC-Maschine über keine automatische Werkzeug-Wechseleinrichtung verfügt.

Werden also dem Teileprogrammierer bezüglich der Schrupp-Schlicht-Reihenfolge Wahlmöglichkeiten gelassen, so ist es unbedingt erforderlich, im 'compiler' Sicherheiten gegen Programmierfehler zu schaffen. Es ist z.B. zu verhindern, daß an einer Bearbeitungsstelle versehentlich die Schlichtbearbeitung vor der Schruppbearbeitung aufgerufen wird, oder daß eine bereits ausgeführte Bearbeitung nochmals gefordert wird. Aus diesem Grunde sind den Konturelementen intern Kennungen zuzuweisen, die Auskunft über ihren Ist- und Sollzustand geben. Beim Aufruf einer Bearbeitung sind Ist- und Sollzustand miteinander zu vergleichen und die geforderte Bearbeitung dagegen zu überprüfen. Tritt eine unerlaubte Konstellation auf, oder wird eine unnötige Bearbeitung gefordert (z.B. Schlichten an einer Bearbeitungsstelle, deren Oberflächengüte nur mit ROUGH gekennzeichnet ist), so ist erstens eine entsprechende Meldung im Rechnerprotokoll auszudrucken und zweitens die fälschlich geforderte Bearbeitung zu übergehen. Im Sinne eines fortschrittlichen Fehlererkennungssystems kann hier von einem selbstkorrigierenden System gesprochen werden.

Ist die geforderte Bearbeitungsart jedoch richtig, so ist die Bearbeitung auszuführen und der Ist-Zustand der einzelnen Konturelemente entsprechend zu aktualisieren. Dasselbe gilt für die Schlichtbearbeitung von Bodenflächen; nur daß hier der Ist- und Soll-Zustand nicht einzelnen Konturelementen sondern der jeweiligen Kontur selbst zuzuordnen ist.

3.4.5. Schnittwertberechnung ACCSIM

Die Schnittwertbestimmung basiert auf dem "Schnittwertmodell" [42]. Mit den oben angeführten Programmteilen hat dieses Schnittwertmodell zwei entscheidende Berührungsstellen:

Schnittaufteilung ⟷ Schnittiefe
Bahnzerlegung ⟶ Eingriffswinkel

Die Schnittaufteilung geht - sofern keine kleinere Schnittiefe explizit definiert ist - von einer maximal zulässigen Schnittiefe aus, die geometrisch durch das Werkzeug und technologisch durch den von der Schnittiefe abhängigen Vorschub pro Zahn (minimal zulässiger Wert) festgelegt ist.

Legt man beim Taschenfräsen einen maximal auftretenden Eingriffswinkel von 180 Grad zugrunde, so wird mit Hilfe des Schnittwertmodells diejenige Schnittiefe a_{max} ermittelt, bei der das zulässige Minimum des Vorschubs pro Zahn nicht unterschritten wird. Ausgehend von dieser Schnittiefe bestimmt die Schnittaufteilung die einzelnen Bearbeitungsschichten. Bei einfachem Planfräsen mit überfahrbaren Konturen wird der größte auftretende Eingriffswinkel anstelle der oben erwähnten 180° eingesetzt.

Bei der Bahnzerlegung ergeben sich im allgemeinen unterschiedliche Eingriffswinkel des Fräsers am Werkstück. Legt man diese Eingriffswinkel der Schnittwertbestimmung zugrunde, so kann man theoretisch an jeder Stelle mit optimierter Vorschubgeschwindigkeit fahren. Da jedoch eine stetige Vorschubänderung von Seiten der Lochstreifeneingabe nicht möglich ist, muß die Berechnung der Eingriffswinkel an charakteristischen Konturstellen und die Ausgabe der berechneten Vorschubwerte auf das CLDATA 2 gestuft erfolgen. Die Größe der Stufen hängt zum einen von einer Mindestverfahrweglänge ab, die man sinnvollerweise in Relation zum Fräserdurchmesser setzt:

$$l_{min} = const. \cdot d$$

Zum andern hängt sie von der Zahl der im Eingriff befindlichen Zähne, d.h. vom Teilungswinkel ab. Unter Berücksichtigung dieser Randbedingungen können die Schrittweite und die zugehörigen Ein- und Austrittswinkel aus der Werkzeugmittelpunktsbahn und aus den die Eingriffsbreite bestimmenden Begrenzungskonturen direkt abgeleitet werden, insbesondere wenn sich die Bestimmungskonturen nur aus Geraden- und Kreisabschnitten zusammensetzen. Hierzu wurde ein spezielles Programm entwickelt. In Bild 3-26 sind die Eingriffswinkel φ_1, φ_2 und φ_s über dem Verfahrweg l in einer Näherungslösung für das in Bild 3-25 gezeigte Werkstück aufgetragen. Werkzeugweg und Werkstückkontur sind dabei als bekannt vorausgesetzt. Im unteren Teil von Bild 3-26 sind die berechneten Vorschübe pro Zahn über dem Verfahrweg für Schnittiefen von $a = 2$ und $a = 3$ mm eingetragen. Bei manueller Programmierung müßte im Vergleich dazu vom ungünstigsten Fall ausgegangen werden, der über den gesamten Verfahrweg Gültigkeit hätte (strichpunktierte Linie in Bild 3-26 für $a = 3$ mm). In Bild 3-27 sind Eingriffswinkel und Vorschub pro Zahn über der Bearbeitungszeit t aufgetragen. Der konstante Vorschub nach herkömmlicher Bearbeitung ist wiederum strichpunktiert für die Schnitttiefe $a = 3$ mm eingetragen und macht den Bearbeitungszeitgewinn für dieses Beispiel deutlich.

Bis zu einem gewissen Grade kann hier von der Simulation einer Grenzregelung (ACC) [44, 45] auf dem Digitalrechner gesprochen werden (ACC-SIM), wobei angestrebt wird, die maximale Vorschubgeschwindigkeit als Grenzwert in Abhängigkeit von der Schnittiefe und dem Ein-, Austrittswinkel einzuhalten. Dies betrifft allerdings nur die Geometrie der Schnittstelle, welche jedoch den Haupteinfluß ausmacht. Unberücksichtigt müssen hierbei natürlich der Schneidenverschleiß, Materialinhomogenitäten u. a. bleiben.

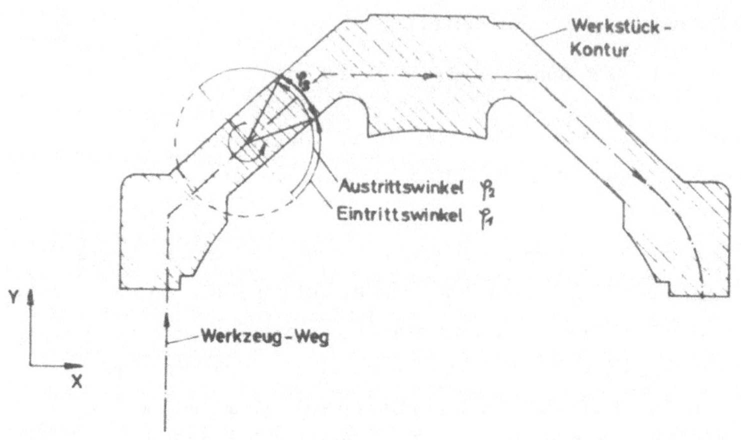

Bild 3-25: Schnittwertbestimmung (Eingriffswinkel)

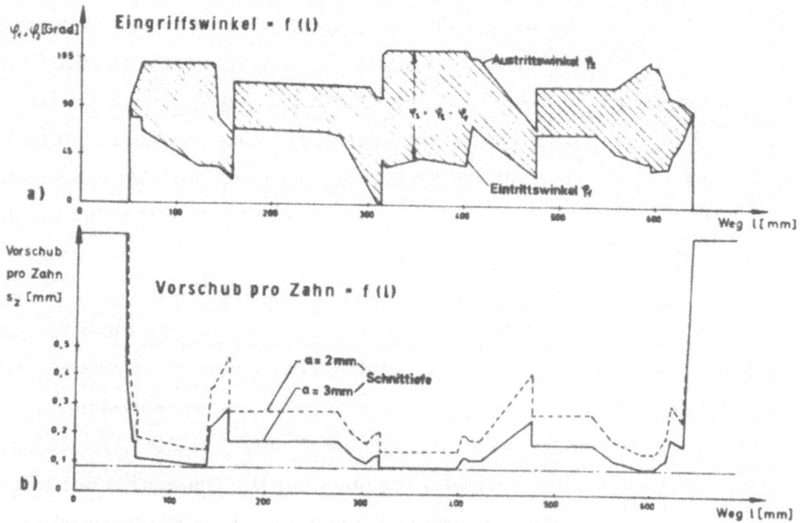

Bild 3-26: Schnittwertbestimmung

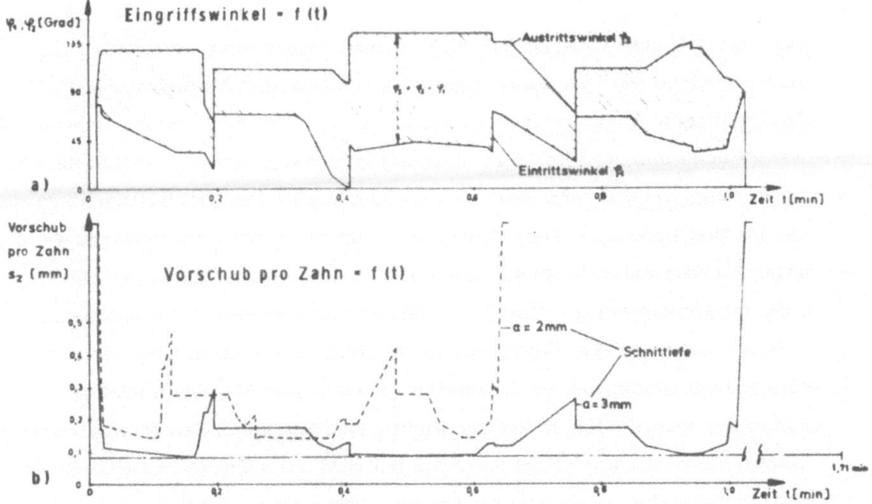

Bild 3-27: Schnittwertbestimmung

3.5. Postprocessor Funktionsblock

Bei der Erstellung eines Lochstreifens mittels einer symbolischen Programmiersprache ist zu unterscheiden zwischen der Aufbereitung der allgemeingültigen Angaben über Geometrie und Technologie des jeweiligen Werkstücks und der Berücksichtigung der speziellen Gegebenheiten der Werkzeugmaschine und der einzusetzenden Steuerung. Letzteres geschieht im Postprocessor-Funktionsblock (Nachverarbeitungsprogramm). Wenngleich keine scharfe Grenze zwischen maschinenspezifischen und maschinenunabhängigen Angaben gezogen werden kann - beispielsweise wird die maximal zur Verfügung stehende Maschinenleistung für die Schnittwertberechnung im Technologischen Funktionsblock benötigt - , so können dennoch im folgenden die wichtigsten Aufgaben des Postprocessor-Funktionsblocks angeführt werden. Hierbei wird unterschieden zwischen Aufgaben, die in jedem Fall auszuführen sind (Allgemeiner Postprocessor-Funktionsblock) und Aufgaben, die nur aufgrund spezieller Anforderungen durchgeführt werden müssen.

3.5.1. Allgemeiner Funktionsunterblock

Der Allgemeine Postprocessor-Funktionsunterblock hat vor allem die Aufgabe der steuerungsgerechten Codierung (z.B. EIA 8B -Code oder ISO-Code [46]) der Weg- und Schaltinformationen [2] sowie der Ausgabe dieser Informationen auf den Lochstreifen. Fernerhin werden z.B. die errechneten Drehzahlen den an der Maschine vorhandenen angepaßt und die Werkstückkoordinaten in das Maschinenkoordinatensystem umgerechnet. Die Zulässigkeit dieser Werte bezüglich des Maschinenarbeitsbereichs sind zu überprüfen. Außerdem werden Listen für die Arbeitsvorbereitung aufbereitet und ausgedruckt (z.B. Werkzeuganforderungen, Magazinbestückungspläne, Aufschlüsselung der einzelnen Teilbearbeitungszeiten usw. (vgl. Bild 3-28)).

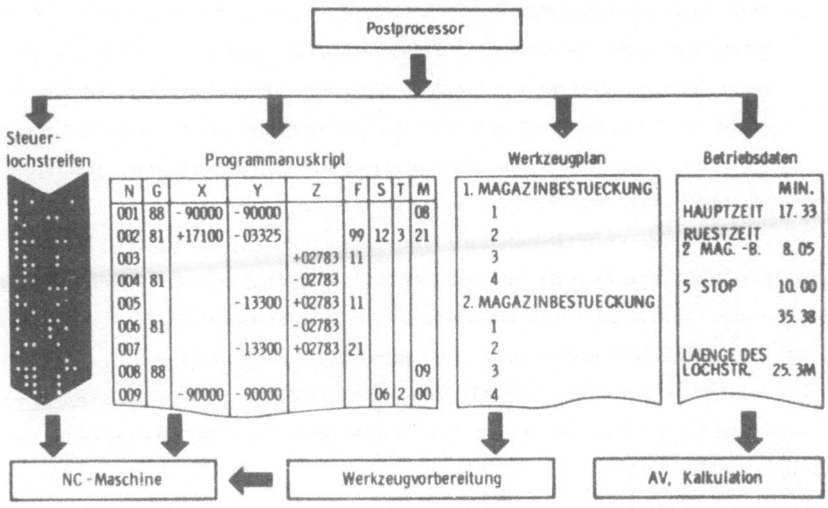

Bild 3-28: Postprocessor-Ausgaben [54] (Beispiel)

3.5.2. Spezielle Funktionsunterblöcke

Neben den allgemeinen Postprocessor-Aufgaben kann eine Reihe von speziellen Aufgaben angeführt werden, beispielsweise die Werkzeugvorauswahl und die Magazinbestückung sowie die Kollisionskontrolle oder aber die graphische Wiedergabe (Plotter) der Konturen und Verfahrwege.

Bei der in den vorangegangenen Kapiteln vorgestellten Frässprache als 2 1/2-dimensionale NC-Sprache liegen bei der Teileprogrammierung die Achsen X und Y als bahngesteuerte Achsen der Beschreibung zugrunde; als Zustellachse wird die Z-Achse benützt. Demzufolge ist die Konturbeschreibung entsprechend der Konturbearbeitung in X/Y durchzuführen.

Diese Entscheidung ist sinnvoll, da einerseits der größte Teil der 2 1/2-dimensionalen Bearbeitung damit erledigt werden kann und andererseits das Rechenprogramm gegenüber einer beliebigen Auswahl "2 1/2 aus 3" erheblich kostengünstiger wird. Trotzdem sollten andere 2 1/2-dimensionale Achskombinationen nicht unberücksichtigt bleiben, da dadurch weitere Anwendungsgebiete mit einbezogen werden können. Diese Aufgabe wird einem speziellen Postprocessor-Funktionsunterblock, der "Achsumschaltung" übertragen. Die Achsumschaltung wird hier deshalb als Beispiel für einen speziellen Unterblock ausgewählt, weil sie in direkter Beziehung zu dem bereits ausführlich dargelegten Kapitel "Schnittaufteilung" steht und somit eine Ergänzung der Schnittaufteilung in Form eines Teil-Nachverarbeitungsprogramms darstellt. Um einen möglichst großen Anwendungsbereich zu gewährleisten ist es in einer generalisierten Form konzipiert; d.h. die Zuordnung der Achsen kann der Teileprogrammierer selbst treffen.

3.5.2.1. Achsumschaltung (CHACOR)

Problemstellung

Das Grundprinzip der Achsumschaltung besteht darin, daß die programmierten X-, Y-, Z-Werkstück-Koordinatenwerte auf nicht gleichlautenden Maschinenachsen zur Ausführung gebracht werden. Voraussetzung hierfür sind NC-Maschinen mit 2 bahngesteuerten Achsen von insgesamt 3 oder mehr zur Verfügung stehenden Achsen, wobei die Bahnsteuerung auf beliebige zwei Achsen gelegt werden können muß. Der Funktionsunterblock Achsumschaltung wird im folgenden CHACOR (change coordinate-axis) genannt.

Betrachtete Achsen:

Aus der großen Zahl theoretisch möglicher Achskombinationen ist eine an der Praxis orientierte [63] Auswahl getroffen, welche folgenden Bedingungen genügt:

translatorisch:	X, Y, Z
rotatorisch:	Rundtisch, Schwenktisch, Schwenkkopf als Achsen A bzw. B bzw. C entsprechend VDI-Richtlinie 3255

Dabei gelten folgende Einschränkungen:

- nicht mehr als eine rotatorische Achse,
- translatorische Achsen werden nicht von rotatorischen getragen,
- alle rotatorischen Achsen - mit Ausnahme des Schwenkkopfes - sind Werkstück-tragende Achsen,
- die translatorischen Maschinenachsen werden zunächst als Werkzeug-tragende Achsen angenommen; eine gegebenenfalls notwendige Umrechnung auf Werkstück-tragende Achsen erfolgt durch Vorzeichenumkehr im Postprocessor.

Beispiel

In Bild 3-29 ist am Beispiel der Hubkurve eine der Möglichkeiten von CHACOR aufgezeigt. Der im unteren Bildteil gezeigte Abschnitt des in X-Y programmierten Werkstücks entspricht der Abwicklung von 180 Grad. In der oberen Bildhälfte ist das Resultat der Achsumschaltung entsprechend einer Achskombination C', Z; X mittels eines Projektionsprogramms (vgl. Kapitel 5.) dargestellt.

Zusammenstellung

In Bild 3-30 werden 5 Gruppen von Achskombinationen vorgestellt, die jeweils durch gemeinsame Merkmale gekennzeichnet sind und den Einschränkungen der oben getroffenen Auswahl entsprechen.

Jede Gruppe ist wie folgt dargestellt:

a) kennzeichnendes Symbol,
b) Kennzeichen der Achsen,
c) Liste der Achskombinationen,
d) Beispiel mit Zuordnung der Achsen.

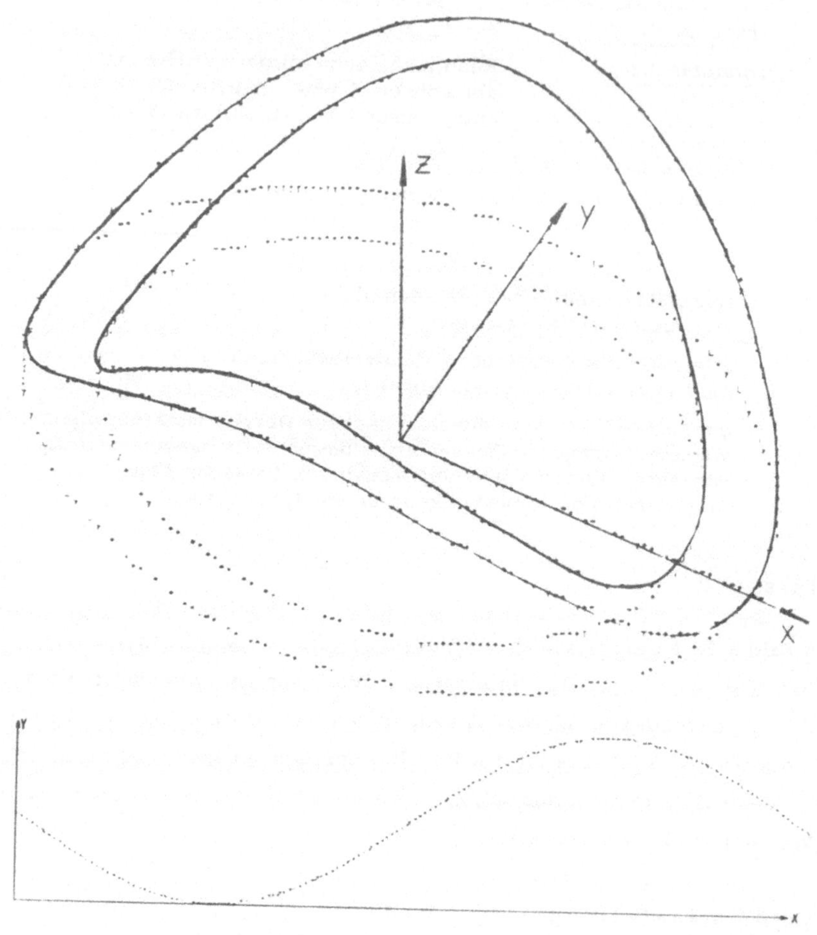

Bild 3-29: Hubkurve (Projektion, Abwicklung)

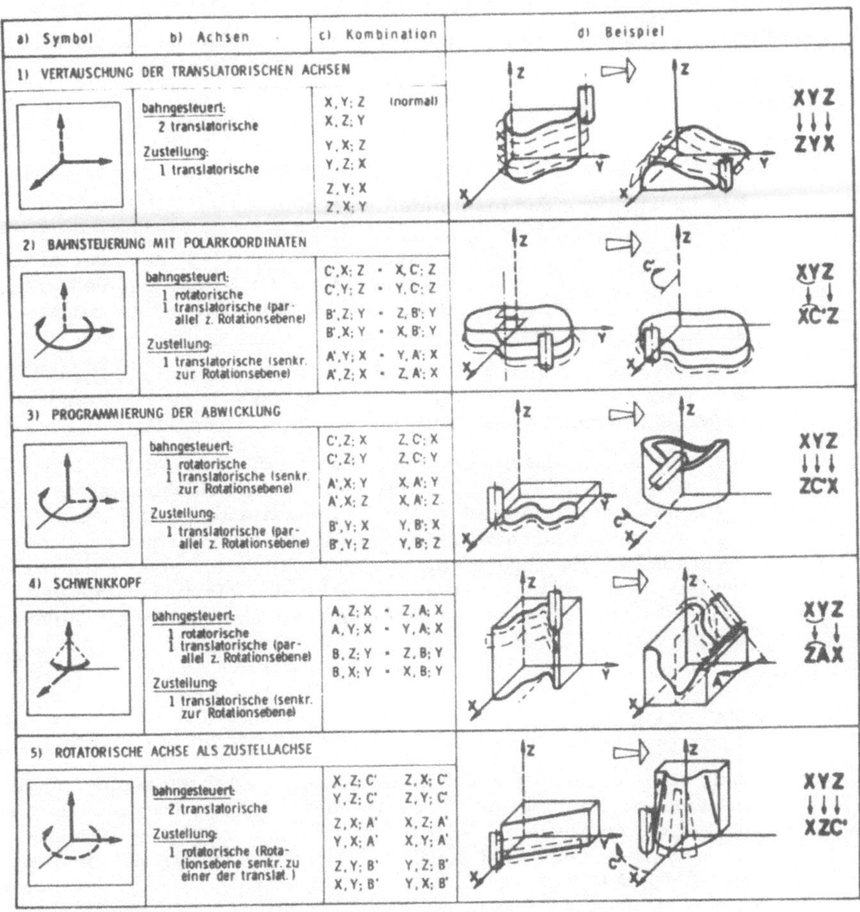

a) Symbol	b) Achsen	c) Kombination	d) Beispiel
1) VERTAUSCHUNG DER TRANSLATORISCHEN ACHSEN			
	bahngesteuert: 2 translatorische Zustellung: 1 translatorische	X, Y; Z (normal) X, Z; Y Y, X; Z Y, Z; X Z, Y; X Z, X; Y	XYZ ↓↓↓ ZYX
2) BAHNSTEUERUNG MIT POLARKOORDINATEN			
	bahngesteuert: 1 rotatorische, 1 translatorische (parallel z. Rotationsebene) Zustellung: 1 translatorische (senkr. zur Rotationsebene)	C',X; Z - X, C'; Z C',Y; Z - Y, C'; Z B',Z; Y - Z, B'; Y B',X; Y - X, B'; Y A',Y; X - Y, A'; X A',Z; X - Z, A'; X	XYZ XC'Z
3) PROGRAMMIERUNG DER ABWICKLUNG			
	bahngesteuert: 1 rotatorische, 1 translatorische (senkr. zur Rotationsebene) Zustellung: 1 translatorische (parallel z. Rotationsebene)	C',Z; X Z, C'; X C',Z; Y Z, C'; Y A',X; Y X, A'; Y A',X; Z X, A'; Z B',Y; X Y, B'; X B',Y; Z Y, B'; Z	XYZ ↓↓↓ ZC'X
4) SCHWENKKOPF			
	bahngesteuert: 1 rotatorische, 1 translatorische (parallel z. Rotationsebene) Zustellung: 1 translatorische (senkr. zur Rotationsebene)	A, Z; X - Z, A; X A, Y; X - Y, A; X B, Z; Y - Z, B; Y B, X; Y - X, B; Y	XYZ ZAX
5) ROTATORISCHE ACHSE ALS ZUSTELLACHSE			
	bahngesteuert: 2 translatorische Zustellung: 1 rotatorische (Rotationsebene senkr. zu einer der translat.)	X, Z; C' Z, X; C' Y, Z; C' Z, Y; C' Z, X; A' X, Z; A' Y, X; A' X, Y; A' Z, Y; B' Y, Z; B' X, Y; B' Y, X; B'	XYZ ↓↓↓ XZC'

Bild 3-30: Achsumschaltung (Übersicht)

Randbedingungen

Für die 5 aufgeführten Gruppen ergeben sich u. a. folgende Randbedingungen:

Gruppe 1:

Die Überprüfung der maximalen Werkzeug-Einsatzlänge darf bei der Rechnerverarbeitung keinen Fehler zur Folge haben, da im 'compiler' bezüglich der Z-Richtung geprüft wird, nach der Achsumschaltung jedoch andere Verhältnisse vorliegen. Das bedeutet, daß rechnerintern ein CHACOR/ON-Merker gesetzt und berücksichtigt werden muß.

Konturfräsen bei offenen Konturen mit mehr als einer Z-Zustellung muß im Falle einer CHACOR-Anweisung in Zickzackweise erfolgen (Angabe von INVERS bei der Konturfräsdefinition).

Wird die Schnittiefe in der Bearbeitungsdefinition mit CUTDEP, WT vorgegeben, so stellt dieser Wert bei der Abarbeitung nicht mehr die Schnittiefe sondern den Zeilenabstand dar und beeinflußt zusammen mit dem Fräserradius die Oberflächenrauheit des Werkstücks. Die Angabe eines Schnittiefenwertes oder eines Wertes für die Rauheit (aus dem z.B. über ein Unterprogramm der Zeilenabstand errechnet werden kann) ist daher eine notwendige Bedingung.

Gruppe 2:

Eine direkte Zuordnung der bahngesteuerten Achsen ist hier nicht möglich, vielmehr geht XY in $\rho\varphi$ über. Die Lage der Maschinendrehachse im Werkstück-Koordinatensystem muß programmiert werden (Durchstoßpunkt durch die Ebene XY / YZ / ZX entsprechend C'/ A'/ B').

Programmierte Geraden müssen rechnerintern in Stützpunkte aufgelöst werden, da eine lineare Abhängigkeit ($\rho = c \cdot \varphi$) eine archimedische Spirale ergibt. Für diese Stützpunktberechnung ist eine Fehlerschranke zu programmieren. Entsprechend müssen Kreissegmente interpoliert werden. Die Null-Bezugsachse zur Winkelmessung muß festliegen.

Gruppe 3 :

Die Maschinendrehachse und die Werkstück-Rotationssymmetrieachse werden als identisch vorausgesetzt. Die Null-Bezugsachse zur Winkelmessung muß festliegen. Kreissegmente müssen entsprechend den Toleranzangaben interpoliert werden.

Das Verhältnis 'Länge der Abwicklung' zu 'Drehwinkel' ist zu programmieren: Entweder kann direkt der Radius r eines Vollkreises angegeben werden, auf dem eine noch zu bestimmende Schicht der Abwicklung liegt. Andererseits kann die gestreckte Länge und der zugehörige Zentriwinkel angegeben werden. Hieraus ergibt sich dann der Radius r der "neutralen Faser" des zu fertigenden Teils. Bezüglich der programmierten Zustellachse gilt:

$$\text{aktueller Radius} = r + \text{sign}(Z) \cdot |Z|$$

Die Stellung des Fräsers (horizontal bzw. vertikal) muß programmiert werden, damit gegebenenfalls eine Umrechnung der Verfahrwege erfolgen kann (Bezugspunkt = Werkzeugspitze).

Gruppe 4 :

Die Rotationsachse des Schwenkkopfes liegt parallel zu der durch die translatorischen Achsen aufgespannten Ebene in einem zu programmierenden Abstand (DIST, WD).

Die Länge von der Werkzeugspitze (Bezugspunkt) bis zum Schwenkpunkt (Schwenkradius) muß programmiert werden.

Geraden und Kreise sind zu interpolieren (Toleranzangaben).

Gruppe 5 :

Der Umrechnungsfaktor Zustellänge/Zustellwinkel muß programmiert werden.

Sprachvereinbarungen

Bezüglich der Achsen wird hiermit folgende Schreibweise definiert:

" Achse 1, Achse 2, Achse 3 "

Bahngesteuert sind die Achsen "Achse 1" und "Achse 2"; die Zustellung führt "Achse 3" aus. Die programmierten oder intern berechneten X-Koordinaten werden der "Achse 1" zugeordnet, die Y-Koordinaten der "Achse 2" und die Z-Koordinaten der "Achse 3"; bei Polarkoordinaten wird X, Y von "Achse 1, Achse 2" ausgeführt. Bei der Teileprogrammierung wird die Achsumschaltung mit der Anweisung

CHACOR / Achse 1, Achse 2, Achse 3, Zusatzangaben

eingeschaltet (also z.B. CHACOR / Z, X, Y)

Der Teileprogrammierer hat dafür zu sorgen, daß die notwendigen Anfangsbedingungen beim Inkrafttreten der CHACOR-Anweisung gegeben sind (z.B. Schwenkung des Fräsers in die Horizontale, Vertauschung von Fräserradius-Korrekturschalter gegen Längen-Korrekturschlater usw.). Eine CHACOR-Anweisung gilt so lange, bis sie durch eine neue CHACOR-Anweisung ersetzt oder durch

CHACOR / OFF

(= CHACOR / X, Y, Z)

ausgeschaltet wird. Innerhalb des Wirkungsbereichs der CHACOR-Anweisung sind Einzelfahranweisungen [5] (vgl. Kapitel 4.3.2. Bild 4-3) und Konturfräsen mittels CONMIL zulässig [47]. Die Achsumschaltung wirkt nur auf Exekutivanweisungen, also z.B. nicht auf geometrische Definitionen. Eine Schnittaufteilung ist zulässig, nicht aber eine Bahnzerlegung [48].

Für die in Bild 3-30 angeführten Gruppen ergibt sich folgender Anweisungsaufbau:

für Gruppe 1:

CHACOR / Achse1, Achse2, Achse3

für Gruppe 2:

CHACOR / Achse1, Achse2, Achse3, DREPKT, WX, WY, xxx

für Gruppe 3:

CHACOR / Achse1, Achse2, Achse3, RADIUS, WR / LAEWIN, WU, xxx

für Gruppe 4:

CHACOR / Achse1, Achse2, Achse3, DIST, WD, xxx, ZEIGER, WL

für Gruppe 5:

CHACOR / Achse1, Achse2, Achse3, LAEWIN, WU

'xxx' steht für Toleranzangaben INTOL, WT1 / OUTTOL, WT2 / TOLER, WT3

Die Zusatzangaben haben folgende Bedeutung:

DREPKT, WX, WY	- Lage der Werkzeugmaschinenachse im Werkstück-Koordinatensystem,
RADIUS, WR	- Radius auf den sich die Abwicklung bezieht,
LAEWIN, WU	- Umrechnungsfaktor Länge/Winkel mm/Grad,
DIST, WD	- Abstand der Schwenkkopf-Drehachse von der durch die translatorischen Achsen aufgespannten Ebene,
ZEIGER, WL	- Abstand der Werkzeugspitze (Bezugspunkt) vom Schwenkpunkt.

4. Systemarbeiten

4.1. Übersicht

Gemäß der in Kapitel 2.2. getroffenen Aufteilung in NC-Programmierarbeiten und Systemarbeiten ist unter dem Begriff Systemarbeiten die Erstellung und Wartung von Dateien und der Macro-Bibliothek zu verstehen. Das Ergebnis stellt firmenspezifische Daten-'files' dar, die bei der im vorangegangenen Hauptkapitel beschriebenen NC-Programmierung stets zur Verfügung stehen. Die NC-Programmierung wird dadurch erheblich beschleunigt und vereinfacht, da sich der Teileprogrammierer um Details bezüglich der Werkzeuge und Werkstoffe im Zusammenhang mit einer Schnittwertbestimmung nicht mehr zu kümmern braucht. Entsprechendes gilt für die Macro-Anwendung.

4.2. Datei-Verwaltungsprogramme

Details über Datei-Verwaltungsprogramme für Werkzeuge, Werkstoffe und Maschinendaten sollen nicht Gegenstand dieser Arbeit sein, da die notwendigen Verfahren hierzu aus der Programmiersprache für Bohrbearbeitung (EXAPT 1 [25]) und für die Drehbearbeitung (EXAPT 2 [49]) bekannt sind. Der Aufbau solcher Dateien für die 2 1/2-dimensionale Fräsbearbeitung wurde bei [42] ausführlich diskutiert. Die Erstellung und Wartung dieser Dateien ist jedoch ein wichtiger Bestandteil des Programmiersystems und ist aus diesem Grunde hier wenigstens zu erwähnen.

4.3. Macro - Bibliothek

4.3.1. Forderungen an die Macro - Programmiertechnik

Da es der Zweck jeder Automatisierung ist, wiederkehrende und insbesondere schwierige oder zeitaufwendige Vorgänge durch Analyse in Elementarschritte zu zerlegen und als Synthese in automatische Prozeßschritte zu verwandeln, soll hier ein Weg aufgezeigt werden, der unter Beibehaltung weitreichender Flexibilität eine weitere Programmiervereinfachung ergibt und die Wirtschaftlichkeit der rechnergestützten NC-Programmierung erhöht. Hierzu bietet sich die 'System-Macro'-Programmiertechnik an [36].

Unter 'System - Macro' soll ein in der Sprache des Teileprogramms definierter, in sich mehr oder weniger geschlossener Teil-Sachverhalt verstanden werden, der - einmal definiert - als solcher wiederholt an verschiedenen Stellen aufgerufen bzw. ausgeführt werden kann. Hierbei sind über eine Parameterliste die variablen Größen beim Aufruf des Macros einzugeben. Die Macro - Programmiertechnik ist mit der FORTRAN-Unterprogrammtechnik ungefähr vergleichbar. Somit können die oben erwähnten Teil-Sachverhalte mittels einer Macro - Programmiertechnik als Bausteine erstellt und bei Bedarf im Teileprogramm als Kartensatz eingefügt werden. Bei der Programmierung von Teilefamilien ist in diesem Zusammenhang von einem "generalisierten Teileprogramm" zu sprechen.

Bei der Verwendung einer Datenverarbeitungsanlage ist es naheliegend, sich derartige Bausteine nicht in Kartenform sondern auf einem Schnellzugriffsspeicher wie Magnettrommel, -platte oder -band peripher auf Abruf bereit zu stellen, was im folgenden Macro - 'file' genannt werden soll.

Dabei ergeben sich folgende Forderungen:

1. Ein Macro-'file' muß eine große Anzahl von Macros speichern können, die jeweils unter ihrem Namen aufrufbar sind.
2. Ein Macro-Suchvorgang muß zeitoptimal ausgelegt sein.
3. Zur Beschleunigung der Rechnerverarbeitung sollen die Macros bereits übersetzt und formal auf Fehler geprüft auf dem Macro-'file' stehen. Dadurch kann der Teileprogrammierer mit einem Minimum an Aufwand Teileprogramme erstellen, welche mit grosser Wahrscheinlichkeit mit einem einzigen Rechenlauf einen richtigen Lochstreifen ergeben.
4. Zur Erstellung eines Macro-'files' (d.h. zum Einlesen, Prüfen, Übersetzen und Herausschreiben auf ein 'permanent-file') muß ein Hilfsprogramm zur Verfügung stehen (MAFIGE - Macro-'file'-Generator).
5. Die Macro-Bibliothek auf dem Macro-'file' muß leicht durch weitere Macros zu erweitern bzw. durch Löschen einzelner Macros zu verändern sein.
6. Korrekturen innerhalb eines Macros sollten mittels Löschen der fehlerhaften Anweisungen und Neueinfügen der korrigierten Anweisungen mit einem sich anschließenden Übersetzungslauf durchgeführt werden können.

4.3.2. Macro-'file'-Erstellung und -Update

Zur Realisierung der angeführten Forderungen wird folgendes Verfahren vorgeschlagen:

Neu programmierte Macros werden in der üblichen Teileprogrammform abgelocht und als Daten in den Rechner eingegeben. Ein spezielles Programm (MAFIGE) übernimmt dann die Erstellung des Macro-'files'. Die einzelnen Funktionen dieses Programms sind mit speziellen Steuerkarten wie folgt anzuwählen:

Befehl:	Bedeutung:
* ADD, SC NAME1	Hinzufügen des symbolischen (S) Macros mit dem Namen 'NAME1' und des übersetzten Macros (C).
* DEL, SC NAME2	Löschen des symbolischen bzw. übersetzten Macros mit Namen 'NAME2' in der Bibliothek.
* PRT, SC NAME3	Ausdrucken (print) des Macros 'NAME3'
* PCH, SC NAME4	Ausstanzen (punch) auf Karten des Macros 'NAME4'
* UPD NAME5 - 10,20	Änderung (update) im symbolischen Macro 'NAME5' (Beispiel: die Anweisungen Nr. 10 bis 20 löschen und nachfolgende Karten (......) dort einfügen).
* NEW	Erstellen eines neuen, geänderten Macro-'files' aufgrund vorausgegangener Änderungen oder Updates (z.B. infolge * ADD oder * DEL bzw. * UPD -Karten).
* TOC	(table of contents) Ausdrucken des Inhaltsverzeichnisses der Macro-Bibliothek.

Die Angabe von S (symbolisch) und C (compiliert) kann an den gekennzeichneten Stellen wahlweise erfolgen.

Bild 4-1 zeigt das Zusammenwirken von Zentraleinheit, Systemprogrammen und Macro-Bibliotheksbändern sowie der Ein- und Ausgabe bei einem Macro-Update-Lauf. Die Übersetzung wird von einem Teil des "Interpretativen-Geometrischen Funktionsblocks" durchgeführt. Die Pfeile zeigen die möglichen Datenwege an.

Ein Macro-Bibliotheks-Anwendungslauf ist in Bild 4-2 dargestellt.

Als Beispiel ist in Bild 4-3 eine Macro-Liste aufgeführt, welche die Herstellung einer Halbkugel erlaubt. Der mit $$ eingeleitete Kommentar erklärt die einzelnen Anweisungen bzw. Eingabeparameter.

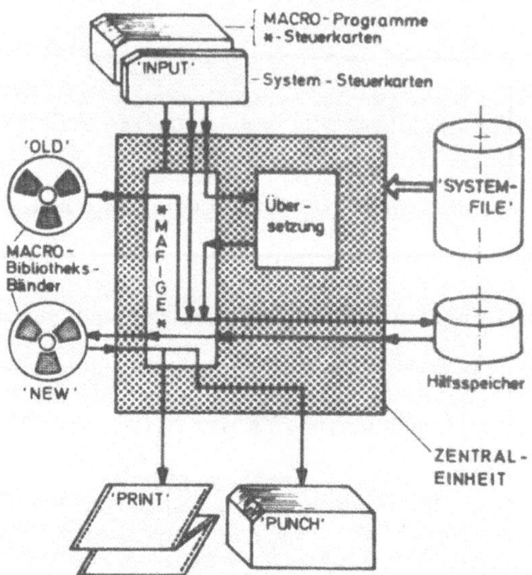

Bild 4-1: Macro-Bibliotheks-Update

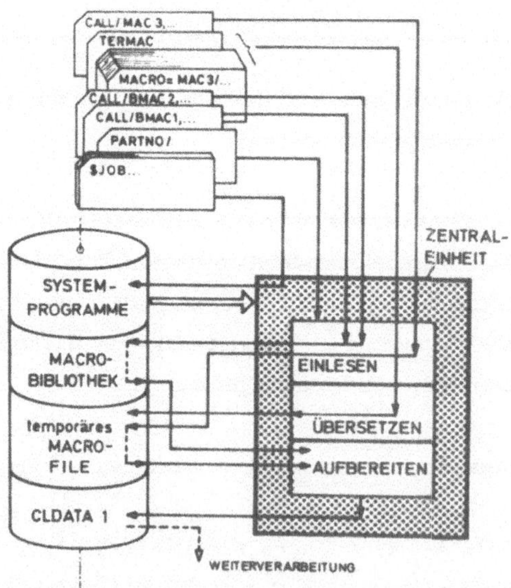

Bild 4-2: Macro-Bibliotheks-Anwendung

```
K U G E L  =  M A C R O  /  XM , YM , ZM , K  , KVK , FD , S
$$ ----------------------------------------------------------------
$$ MACRO-PARAMETER :
$$ XM, YM, ZM - KUGELMITTELPUNKTSKOORDINATEN
$$ K  - KUGELRADIUS
$$ KVK = +1  -  KONVEX
$$       -1  -  KONKAV
$$ FD - FRAESER-DURCHMESSER
$$ S - ZUSTELL-SCHRITTWEITE
$$ ----------------------------------------------------------------
$$
$$ ANFANGSDEFINITIONEN
     CUTTER / FD
     KR = K+KVK*FD/2                      $$ AEQUIDISTANTEN-BERUECKSICHTIGUNG
     N = 2*KR/S                           $$ ANZAHL DER SCHNITTE
     RESERV / L,N,C,N                     $$ DIMENSION - GERADE L, KREIS C
     LH = LINE / XM,YM,XM,(YM+10)         $$ POSITIONIER-HILFSGERADE
     CK = CIRCLE / XM,YM,KR               $$ KUGEL-KREIS
     XST = XM                             $$ X-STARTKOORDINATE
     YST = YM+KR+2*FD                     $$ Y-STARTKOORDINATE
     FROM / XST,YST,ZM                    $$ START
     GO / ON,LH,ON,CK                     $$ POSISIONIERANWEISUNG
                                          $$
$$ INITIALISATION
     H = KR                               $$ Y-LAGE DER EINZELNEN SCHICHT
     I = 0                                $$ INDEX VON GERADE L, KREIS C
     RJ = +1                              $$ KREIS-SCHNITTRICHTUNG BEZUEGL. X
                                          $$
$$ ABARBEITUNGS-SCHLEIFE
 AN) CHACOR / X,Y,Z                       $$ NORMALE ACHSKOMBINATION GUELTIG
     H = H-S                              $$ LAGE DER NAECHSTEN SCHICHT
     IF (KR+H) EN , EN , M6               $$ ABFRAGE AUF BEARBEITUNGSENDS
 M6) I = I+1                              $$ LAUFINDEX-ERHOEHUNG
     R = SQRT (KR*KR - H*H)               $$ SCHICHT-RADIUS
     XST = RJ*R + XM                      $$ SCHICHTSTARTPUNKT IN X
     YST = H+YM                           $$ SCHICHTSTARTPUNKT IN Y
     RJ = -1*RJ                           $$ UMKEHRUNG DER SCHICHTBEARB.RICHT.
     L(I) = LINE / XST,YST,(XST+10),YST   $$ PROJ. SCHICHTHALBKREIS - GERADE
                                          $$
$$ ZUSTELLBEWEGUNGS-AUSWAHL
 M0) IF (ABS(H)-KR/2) M2 , M1 , M1        $$ SCHICHTEN IN NAEHE MITTELPUNKT
 M1) RI = +1                              $$ H=POSIT. - 1. TEILD. HALBKUGEL
     IF (H) M3 , M3 , M4                  $$ WENN JEDOCH H=NEGATIV,DANN FOLGT
 M3) RI = -1                              $$ UMKEHRUNG VON RI
 M4) IF (KVK*RI*RJ) ZL,ZL,ZR              $$ ZUSTELLUNG MIT GOLFT ODER GORGT
 M2) IF (KVK) ZB,ZB,ZF                    $$ ZUSTELLUNG MIT GOBACK ODER GOFWD
                                          $$
$$ ZUSTELLBEWEGUNG
 ZL) GOLFT / CK,ON,L(I)                   $$    . ZUSTELLBEWEGUNG ERFOLGT AUF
     JUMPTO / M5                          $$    . DEM KUGELKREIS CK JEWEILS
 ZR) GORGT / CK,ON,L(I)                   $$    . VOR DER HALBKREISBEWEGUNG
     JUMPTO / M5                          $$    . DIE ZUSTELLBEWEGUNG ERFOLGT
 ZB) GOBACK / CK,ON,L(I)                  $$    . IN XY . DANN FOLGT SPRUNG
     JUMPTO / M5                          $$    . ZUR KREISBEWEGUNGS-AUSWAHL
 ZF) GOFWD / CK,ON,L(I)                   $$
                                          $$
$$ KREISBEWEGUNGS-AUSWAHL
 M5) C(I) = CIRCLE / XM,(YM +  H),R       $$ SCHICHT-HALBKREIS
     CHACOR / X,Z,Y                       $$ ACHSUMSCHALTUNG FUER HALBKREIS C
     IF (ABS(H)-KR/2) M8 , M7 , M7        $$ SCHICHTEN IN NAEHE MITTELPUNKT
 M7) IF (KVK*RI*RJ) HL , HL , HR          $$ HALBKREIS MIT GOLFT ODER GORGT
 M8) IF (KVK) HF , HF , HB                $$ HALBKREIS MIT GOFWD ODER GOBACK
                                          $$
$$ HALBKREISBEWEGUNGEN
 HL) GOLFT / C(I),ON,L(I)                 $$    . HALBKREIS-BEWEGUNGEN ERFOLGEN
     JUMPTO / AN                          $$    . AUF DEM KREIS C(I) IN DER
 HR) GORGT / C(I),ON,L(I)                 $$    . XZ-EBENE (CHAKOR/X,Z,Y) MIT
     JUMPTO / AN                          $$    . DEM ENTSPRECHEND H BESTIMMTEN
 HB) GOBACK / C(I),ON,L(I)                $$    . RADIUS R. DIE VERFAHRRICHTUNG
     JUMPTO / AN                          $$    . ERFOLGT WECHSELWEISE ENTSPR.
 HF) GOFWD / C(I) , ON,L(I)               $$    . DER VARIABLEN RJ
     JUMPTO / AN                          $$
 EN) GORGT / CK,ON,2,INTOF,L(I)           $$ UMFAHREN DER KUGEL
 ER) PPRINT / ENDE, MACRO,KUGEL
$$ ----------------------------------------------------------------
     TERMAC
```

Bild 4-3: Macro-Liste ("Halbkugel")

5. Graphische Darstellung beim Rechnereinsatz (GEAK)

5.1. Problemstellung

Daten in Form von Zahlenkolonnen als Rechnerergebnisse oder als Eingabewerte haben sowohl beim Testen von Programmen als auch bei der Anwendung fertiger Programmiersysteme den großen Nachteil, daß sie nur durch mühselige und zeitaufwendige Durchsicht auf Richtigkeit geprüft werden können. Dieser Umstand führte daher zu der Entwicklung eines für alle Rechenanlagen geeigneten graphischen Darstellungsverfahrens. Als Ausgabemedium wird der Zeilendrucker verwendet. Die Anwendung und Funktionsweise des Programmpakets GEAK (Graphische-Eingabe-Ausgabe-Kontrolle) werden am Beispiel der NC-Programmierung für 2 1/2-dimensionales Fräsen beschrieben.

5.2. Vorteile des GEAK-Verfahrens

Die graphische Darstellung beim Einsatz von Datenverarbeitungsanlagen dient häufig der Veranschaulichung und optischen Kontrolle von Informationen, die zunächst in numerischer Form vorliegen. Zur Umwandlung und Abbildung in einer graphischen Form ist sowohl 'software' [50] als auch 'hardware' notwendig [51]. Zur 'software' zählen u. a. "Graphische Programmiersprachen" und "Graphische Zusatzprogramme zu Standardprogrammen" - wie z.B. GEA2D/GEAGR [52] oder ELSA [13].
Die zur graphischen Darstellung benötigte 'hardware' kann wie folgt unterteilt werden:

- Trommelplotter
- Tischplotter
- Präzisionszeichentische
- Elektronenstrahlplotter
- passive Bildschirme
- aktive Bildschirme mit Lichtstift und Funktionstastatur
- Zeilendrucker (Schnelldrucker)

Die Auswahl eines geeigneten Systems hängt von mehreren Faktoren ab:

- Kauf-/Mietpreis
- Zeichen- bzw. Ausgabegeschwindigkeit
- Auslastung
- benötigte Genauigkeit
- 'on-line'- oder 'off-line'-Betrieb
- zur Verfügung stehende 'software'

Zeichentisch-, Plotter- und Bildschirmanwendung zur graphischen Darstellung von Eingabedaten und Rechnerergebnissen scheitern jedoch oft an der Verfügbarkeit der entsprechenden Geräte und Anlagen, da die Anschaffungskosten hierfür mitunter erheblich hoch sind [53] und eine vernünftige Auslastung der Geräte oft nicht gewährleistet ist. Zudem sind unter Umständen zusätzliche und zeitraubende Arbeitsgänge notwendig. Hingegen verfügt jede größere Rechenanlage über einen Zeilen- bzw. Schnelldrukker als Ausgabemedium, der auch zur graphischen Darstellung verwendet werden kann. Es braucht also bezüglich der 'hardware' keinerlei zusätzlicher Aufwand getrieben werden. Aus diesem Grunde wurde ein Punktmuster-Programm für den Zeilendrucker entwickelt, das abgesehen von einer begrenzten Auflösungsgenauigkeit erhebliche Vorteile bietet: Graphische Darstellung der Eingabewerte und Ergebnisse unmittelbar vor bzw. mit der Rechnerverarbeitung und gegebenenfalls zusammen mit den alphanumerischen Daten; Anwählbarkeit aller verfügbaren Druckzeichen zur Kenntlichmachung verschiedenartiger Kurven. Mittels Nullpunktverschiebung und Angaben über den Bildmaßstab lassen sich außerdem beliebige Ausschnitte herausvergrößern.

Bezüglich der Bildhöhe ist bei Endlospapier zunächst keine Grenze gesetzt. Die Bildbreite kann durch die Anzahl der nebeneinander zu fügenden Druckbahnen frei bestimmt werden.

Das im Rahmen dieser Arbeit zu Testzwecken entwickelte Programm kann zur graphischen Daten-Eingabe-Ausgabe-Kontrolle entweder direkt in einen 'compiler' eingebaut werden oder aber als getrenntes Programm z.B. als NC-Postprocessor Verwendung finden [47]. Bei der Programmierung von NC-Maschinen trägt GEAK insbesondere dann zur Reduzierung der Teileprogrammierzeit bei, wenn komplexe Werkzeugverfahrwege in mehreren Achsen oder komplizierte Schnittvorgänge vorliegen. Das Programmpaket GEAK ist in FORTRAN IV ASA programmiert und damit weitgehend rechnerunabhängig.

5.3. Anwendungsbeschreibung

Im folgenden werden anhand von Beispielen aus dem Bereich der NC-Programmierung einige typische Anwendungsgebiete aufgezeigt. Die Darstellung von Werkstücken, Werkstückkonturen und Werkzeugbewegungen im Zusammenhang mit der rechnergestützten NC-Programmierung stellt dabei eines der möglichen Anwendungsgebiete dar. Für Programmiersysteme mit umfangreicher Dateneingabe ist eine spezielle Dateneingabekontrolle vor allem dann sinnvoll, wenn eine gewisse Art von Fehlern vom Programm selbst nicht erkannt werden kann (z.B. formal richtig eingelesene Größen mit falschen Werten) und zudem mit längeren und damit teuren Programmlaufzeiten zu rechnen ist.

5.3.1. Projektion

Das Programmpaket GEAK ist so ausgelegt, daß wahlweise für Parallel- oder Zentralprojektion beliebige Projektionsparameter wie Projektionsrichtung, Projektionsebene usw. angegeben werden können. Bild 5-1 zeigt die Parallelprojektion eines Fertigteils im Schnitt (sichtbare Kanten sind nachträglich zur Verdeutlichung nachgezeichnet). Die jeweils notwendigen GEAK-Parameter sind in diesem Fall über die sogenannten 'Postprocessor-Function'-Anweisungen [54] zu programmieren.

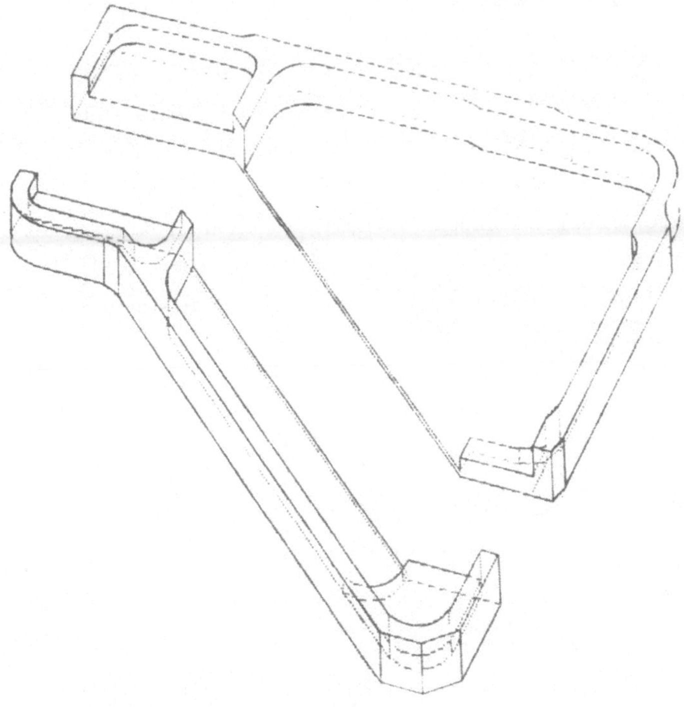

Bild 5-1: GEAK - Werkstückdarstellung (Schnitt)

5.3.2. Maßstab, Nullpunktverschiebung

Ein Maßstabsprogramm sorgt dafür, daß die vom Anwender vorgegebene Bildgröße optimal ausgenutzt wird. Andererseits kann aber auch mit vorgegebenem Maßstab und vorgegebener Nullpunktsverschiebung ein beliebiger Ausschnitt dargestellt werden.

5.3.3. Auflösungsgenauigkeit

Die Auflösungsgenauigkeit ist das besondere Problem des Verfahrens: Wesentliches Kennzeichen für die Qualität einer Kurvendarstellung ist die Länge der kleinstmöglichen Schritte: hier also die durch den Abstand von Druckzeilen in der Horizontalen und Druckspalten in der Vertikalen gegebene Rasterteilung. Demnach sind nur Geraden unter dem Winkel 0 und $\pi/2$ sowie dem Winkel arc tan [(Spalten/Zoll) : (Zeilen/Zoll)] als stufenlose Punktfolge darstellbar (vgl. Bild 5-2), wie dies entsprechend auch bei Plottern der Fall ist [55].

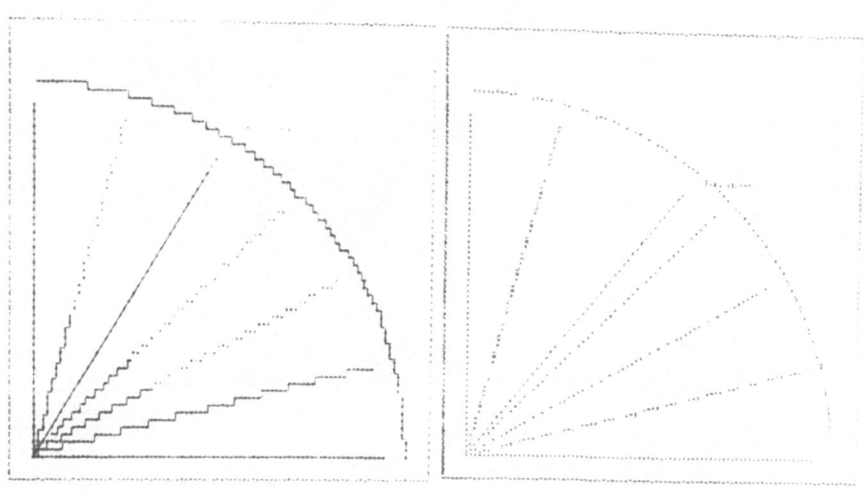

Bild 5-2: Rasterteilung

Bild 5-3: Rasterausgleich

Übliche Werte bei Zeilendruckern sind:

$$10 \text{ Spalten/Zoll} = \Delta X = 2,54 \text{ mm} \quad \text{und}$$
$$6 \text{ Zeilen/Zoll} = \Delta Y = 4,23 \text{ mm}.$$

Manche Drucker sind auf 8 Zeilen/Zoll umschaltbar (z.B. UNIVAC 1004), was einer Verbesserung von 33% auf $\Delta Y = 3,17$ mm entspricht. Mit einer entsprechenden Bildgröße bzw. einem entsprechenden Maßstab lassen sich in gewissen Grenzen weitere Verbesserungen erreichen. In Bild 5-1 wurde mit einem Maßstab von 5:1 bereits eine Auflösung von 0,5 mm für die Waagrechte und 0,6 mm für die Senkrechte erreicht. Durch eine gezielte Auswahl des jeweiligen Druckzeichens wird die Auflösungsgenauigkeit um weitere ca. 50% auf rund 0,3 mm verbessert.

Die Vorteile, die sich aufgrund beliebiger Bildgröße, Druckzeichenauswahl und einer Zeilendichte von 8 Zeilen/Zoll ergeben, sind bei Bild 5-1 offensichtlich. Die Ausschaltung der durch die Rasterteilung bedingten Stufen bei Geraden und Kreisen tritt beim Vergleich von Bild 5-2 mit Bild 5-3 besonders deutlich in Erscheinung.

Die Auflösungsgenauigkeit reicht demnach auf jeden Fall aus, um einen guten qualitativen Eindruck zu vermitteln.

5.3.4 Ausgabegeschwindigkeit

Die Zeichengeschwindigkeit - sofern man hier von einer solchen sprechen kann - ist natürlich extrem hoch und hängt nur von der Bildgröße ab. Bild 5-1 benötigte bei einem Schnelldrucker mit ca. 60 000 Zeilen/Stunde mit 3 · 4 Blatt à 96 Zeilen (=1152 Zeilen) rund 70 Sekunden.

5.3.5. Speicherbedarf

Ein weiteres Problem ist die notwendige Speichergröße, da im Gegensatz zu einem Plotter das Zurückspulen des Druckerpapiers ausgeklammert und demzufolge das Bild nur sequentiell bei größten Y-Werten beginnend aufzulisten ist. Um auch zeitlich nacheinander anfallende Ergebnisse in demselben Bild darzustellen, sind sämtliche ausgewählten Druckbildstellen entweder intern oder peripher geblockt abzuspeichern. Eine Speicherreservierung (als 2-dimensionales Feld) für alle möglichen Druckstellen eines Bildes scheidet für Anwendungsfälle wie Bild 5-1 mit

3 · 4 Druckseiten entsprechend 150 000 möglichen Druckstellen aus. Werden jedoch nur die echt belegten Druckstellen abgespeichert, so müssen pro Bildpunkt drei Informationen zur Verfügung stehen: Spalte, Zeile und Druckzeichen. Das Programm GEAK ist nun speicherplatzoptimiert ausgelegt; demzufolge sind die drei jeweils einander zugeordneten Informationen in je ein Wort zu packen und beim Ausdrucken wieder zu entpacken - was allerdings zu Lasten der Rechenzeit geht. Selbstverständlich ließe sich das Programm in diesem Punkt auch rechenzeitoptimiert auf Kosten von Speicherplatz auslegen. Eine weitere Möglichkeit besteht in der peripheren Speicherung der Bildinformationen z.B. auf einer Magnettrommel oder -platte mit Zwischenpufferung und geblocktem Lesen und Schreiben.

5.4. Beispiele

Im oberen Teil von Bild 5-4 ist als weiteres Anwendungsbeispiel eine Werkstückkontur in X-Y-Projektion und die Mittelpunktsbahn des Fräswerkzeugs abgebildet. Das darunterliegende Diagramm zeigt die über dem Verfahrweg aufgetragenen Fräser-Schnittwinkel (vgl. Kapitel 3.4.5.). Mit Hilfe dieser Schnittwinkel sind durch ein weiteres Programm die Vorschubwerte pro Zahn berechnet und ihr Verlauf mittels GEAK über dem Verfahrweg aufgetragen. Damit wird deutlich, daß für alle möglichen Berechnungen sofort zu den Zahlenwerten auch die graphische Darstellung ausgeführt werden kann, sei es für Zwischenergebnisse, Eingabewerte wie 'PHIS = F(L)' (Bild 5-4) oder Endergebnisse wie 'SZ = F(L)'. In obigem Beispiel kann damit sofort der Bearbeitungszeitgewinn gegenüber einer Bearbeitung mit konstanter Vorschubgeschwindigkeit qualitativ gewertet werden.

Zu Bild 5-4 noch einige Details: Raster mit frei wählbaren Parametern (wie Teilung, Höhe, Breite, Druckzeichen, Lage) sowie Achsenkreuze mit Maßstab sind mittels CALL-Aufrufen [16] direkt abrufbar. Text kann an beliebiger Stelle in drei Schriftgrößen als 'string' angegeben werden. Ebenso können Werte von Variablen im Bild alphanumerisch an jeder gewünschten Stelle wiedergegeben werden.

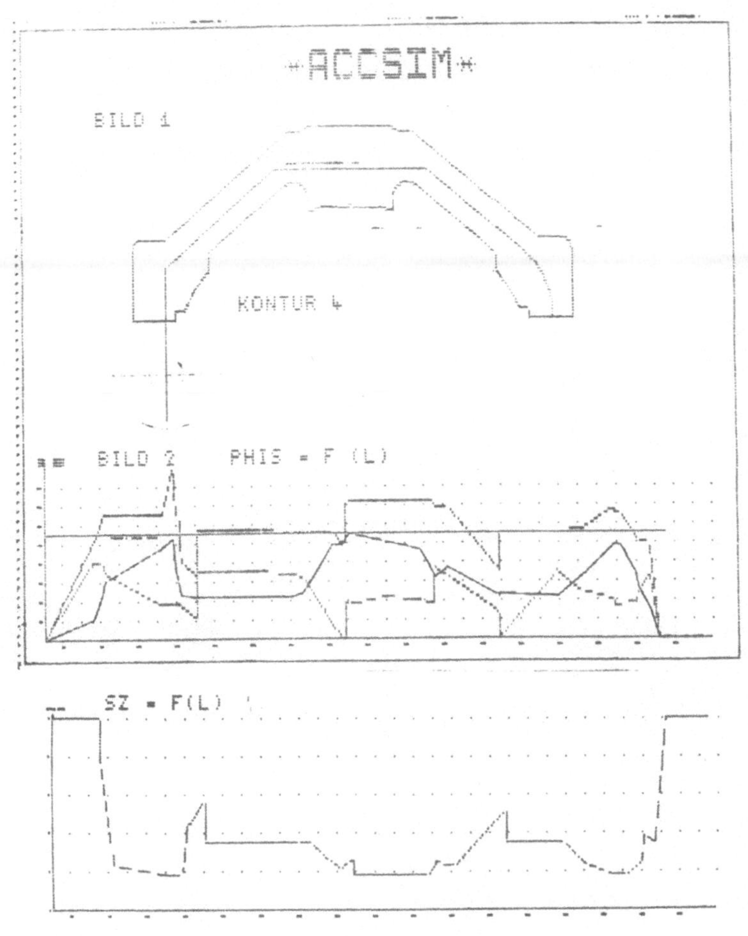

Bild 5-4: Schnittbogenbestimmung (Beispiel)

Neben der Verwendung des GEAK-Programmpakets zur Darstellung verschiedenster Zwischenergebnisse der 'compiler'-Verarbeitung eines Teileprogramms ist vor allem die graphische Wiedergabe der Endergebnisse (CLDATA) von Bedeutung [56]. Bild 5-5 zeigt ein Fräswerkstück mit den berechneten Werkzeugverfahrwegen (Bahnzerlegung) in einer X-Y-Darstellung in drei Bearbeitungsstufen (Schnittaufteilung).

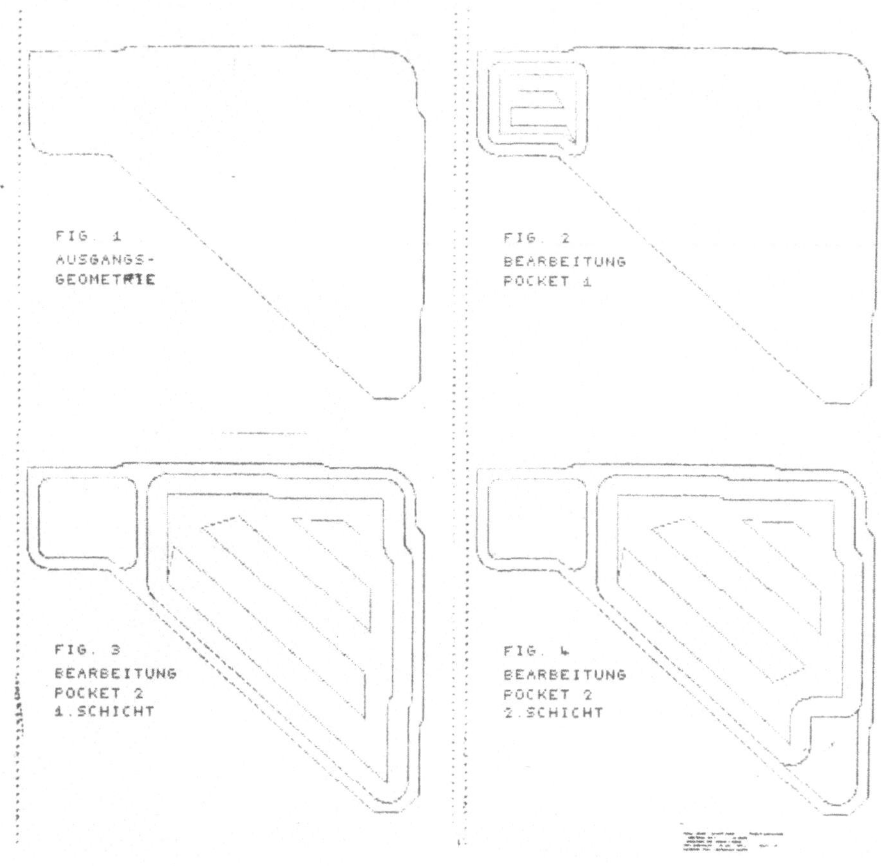

Bild 5-5: Bahnzerlegung - GEAK-Beispiel

Um bei der NC-Programmierung auch übereinanderliegende Verfahrwege, die durch eine Schnittaufteilung zustande kommen, besser sichtbar zu machen, kann das Werkstück mittels GEAK auch in einer Projektions-Schnittdarstellung abgebildet werden (vgl. Bild 5-1).

Nicht nur die Ergebnisse der 'compiler'-Verarbeitung, sondern auch solche der Postprocessor-Verarbeitung eignen sich zur Darstellung - wie im Falle einer durch den Postprocessor-Funktionsunterblock CHACOR durchgeführten Achsvertauschung (vgl. Kapitel 3.5.2.1. Bild 3-29).

Die verschiedenen hier angedeuteten Zugriffsmöglichkeiten der graphischen Datenkontrolle beim Rechnereinsatz sind in Bild 2-2 zusammenfassend dargestellt.

5.5. Andere Anwendungsgebiete

Das Programmpaket GEAK ist so flexibel gehalten, daß es sich auch für andere mathematisch-technische und naturwissenschaftliche Probleme sowie zur konstruktiven Darstellung in Fertigungstechnik, Bauwesen und Architektur eignet.

Eine Verwendung von GEAK im Dialogverkehr mit einem Rechner ist durchführbar, sofern mindestens ein schneller Blattschreiber zur Verfügung steht.

6. Rechnerimplementierung

6.1. Problemstellung

Die Wirtschaftlichkeit eines Rechenprogramms hängt wesentlich von einer optimalen Ausnutzung des Speicherplatzes und einem geringen Rechenzeitbedarf ab. Von der Anwenderseite wird häufig die Forderung erhoben, eine bestimmte Kernspeichergröße nicht zu überschreiten, um das Programm auf entsprechend kleinen Anlagen anwenden zu können. Größere Programmiersysteme bedienen sich daher der Segmentierung, was allgemein eine Unterteilung des Gesamtprogramms in Teilprogramme bedeutet. Zwei allgemein bekannte Methoden sind hier anzuführen:

- Verkettungsstruktur
- Überlagerungsstruktur [37]

Verkettungsstruktur:

Bei der 1. Methode wird der Gesamtkomplex des Programms in Teilkomplexe unterteilt, die dann sequentiell zu behandeln sind. Das peripher abgespeicherte Zwischenergebnis des Teilkomplexes i ist dann automatisch die Eingabeinformation für den Teilkomplex i+1. Die Funktionsblöcke "Interpretativer-Geometrischer Funktionsblock", "Technologischer Funktionsblock" sowie der "Postprocessor-Funktionsblock" stellen solche Teilkomplexe dar. Die Zwischenergebnisse sind die CLDATA 1 und CLDATA 2.

Überlagerungsstruktur:

Die 2. Möglichkeit heißt in der Fachsprache "OVERLAY-Struktur". Hier werden - gesteuert von einem Verwaltungsprogramm - Programmteile (sogenannte OVERLAYs) eines Funktionsblocks (z.B. Funktionsunterblöcke) wechselweise und mitunter mehrmals vom Systemspeicher in den Zentralspeicher geholt. Dabei sind je nach Rechnertyp verschiedene Hierarchieformen möglich. Demzufolge kann sich ein OVERLAY wahlweise weitere untergeordnete OVER-

LAYs hinzuladen. Ein weiterer Unterschied zur Methode 1 besteht außerdem im Verbleiben der jeweiligen Zwischenergebnisse im Zentralspeicher beim Umladen der einzelnen OVERLAYs. Die Größe dieser Zwischendatenmenge bestimmt daher mit die Auswahl der Methode.

Zwischenspeicherung nach Methode 1 und Umladen nach Methode 2 kosten jedoch Rechenzeit. Eine weitgehende Segmentierung wirkt sich zugunsten des Speicherbedarfs aber zu Lasten der Rechenzeit aus. Außerdem setzt das Problem selbst der Segmentierung Grenzen. Hier ein wirtschaftliches Minimum zu finden, kann jedoch nicht primär die Aufgabe einer rechnerunabhängigen Programmiersprachen-Entwicklung sein. Vielmehr muß dies für jeden Rechnertyp bzw. für das jeweilige Modell oder die Konfiguration im einzelnen aufgrund des Preisgefüges für Kernspeicher, Peripherie, Zentralrechenzeit, Peripheriezeit usw. entschieden werden.

Es muß im Rahmen dieser Arbeit also mehr darum gehen, die Struktur in leicht segmentierbaren Teilkomplexen anzulegen, und die Programmierung der Teilkomplexe selbst optimal auszulegen. Die folgenden Abschnitte zeigen daher an einem Beispiel des Technologischen Funktionsblocks, wie diese zuletzt genannte Forderung zu verwirklichen ist.

6.2. Optimierung

Wie bereits ausgeführt, berechnet die Schnittaufteilung Werkzeugverfahrwege, die in Schichten übereinander liegen und bezüglich dieser Schichten weitgehend identisch sind, wenn man die Z-Koordinaten einmal nicht betrachtet. Andererseits bleibt die Z-Koordinate innerhalb einer Schicht über eine Reihe von Werkzeugwegelementen gleich groß. Dieser Umstand führt zu einer Optimierung sowohl bezüglich Speicherplatz als auch bezüglich Rechenzeit.

6.2.1. Optimierung bezüglich Rechenzeit

Innerhalb eines Bearbeitunsbereichs mit mehreren Einzelschichten n ist es ausreichend, die Werkzeugverfahrwege einschließlich Zustell- und Abhebebewegungen sowie Kollisionskontrolle nur einmal, nämlich für die 1. Schicht zu berechnen und abzuspeichern. Die Werkzeugverfahrwege der Schichten 2 bis n werden dann unter Beachtung der jeweiligen Z-Koordinate der Schicht kopiert. Dieses Datenkopieren benötigt wesentlich weniger Rechenzeit als ein jeweiliges Neuberechnen.

6.2.2. Optimierung bezüglich Kernspeicher

Die Rechenzeitoptimierung der Werkzeugverfahrwege mittels Kopieren ergibt automatisch auch eine erhebliche Speicherplatzeinsparung, da die Werkzeugwege der Einzelschichten 2 bis n nicht mehr im Zentralspeicher zu speichern sind, sondern sofort beim Kopieren auf einen peripheren Speicher bzw. als CLDATA 2 ausgegeben werden.

Da die Z-Koordinaten der Werkzeugverfahrwege über größere Bereiche konstant bleiben, ist es nicht notwendig, jedem Koordinatenpaar X/Y direkt einen Z-Wert zuzuordnen. Daraus ergibt sich eine weitere Möglichkeit, Speicherplatz einzusparen. Im folgenden Abschnitt wird die dazu notwendige Speicherplatzoganisation erläutert.

6.2.3. Speicherplatzorganisation

Die im folgenden erklärten Abkürzungen sowie die Zahlenschreibweise (Dezimalpunkt, Großbuchstaben) gelten nur für die hier dargelegten Sachverhalte und entsprechen den FORTRAN-Vorschriften bezüglich 'real' und 'integer' [16]. Sie sind daher im allgemeinen Abkürzungsverzeichnis nicht aufgeführt.

Name	Feld-länge	Bedeutung
J	1	Zähler für LISTE 1 (vgl. Bild 6-1)
X (J)	1000	X-Koordinate des Anfangspunktes von Konturelement J [mm]
Y (J)	1000	Y-Koordinate des Anfangspunktes von Konturelement J [mm]
EXZ (J)	1000	Krümmung von Konturelement J [1/mm]
XM (J)	1000	bei Kreiselement: X-Mittelpunktskoordinate [mm] bei Geradenelement: Einheitsvektor e_x
YM (J)	1000	bei Kreiselement: Y-Mittelpunktskoordinate [mm] bei Geradenelement: Einheitsvektor e_y
I	1	Zähler für LISTE 2
IANF (I)	40	Anfangsindex der Kontur I in der Konturliste
IEND (I)	40	Endindex der Kontur I in der Konturliste
K	1	Zähler für LISTE 3
IND (K)	100	Konturelementindex bezogen auf LISTE 1 positiv: relativer Z-Wert in ZVAL negativ: absoluter Z-Wert in ZVAL
FDVAL (K)	100	Vorschubgeschwindigkeit (feedrate-value) positiv: [mm/min] negativ: -1. = maximaler Vorschub in Z-Richtung -2. = maximaler Vorschub in X-Y-Richtung (Codenummer)
ZAKT	1	absoluter Z-Wert der aktuell in Bearbeitung befindlichen Schicht [mm]
NKONT	1	Gesamtzahl der Konturen einer Bearbeitungsstelle

Bild 6-1 zeigt die Speicherplatzorganisation für die durch die Kontur 3 gegebene Tasche.

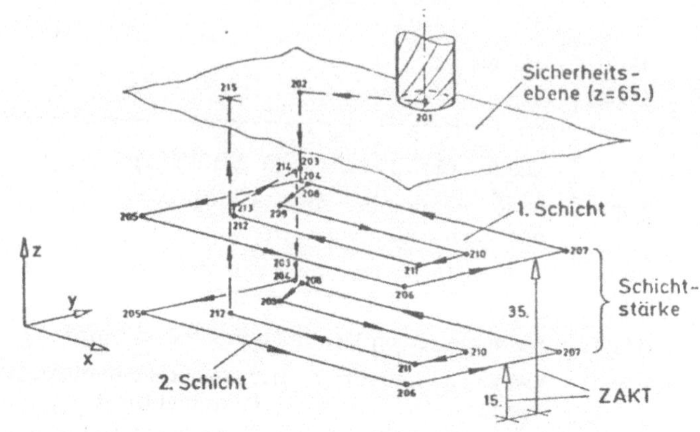

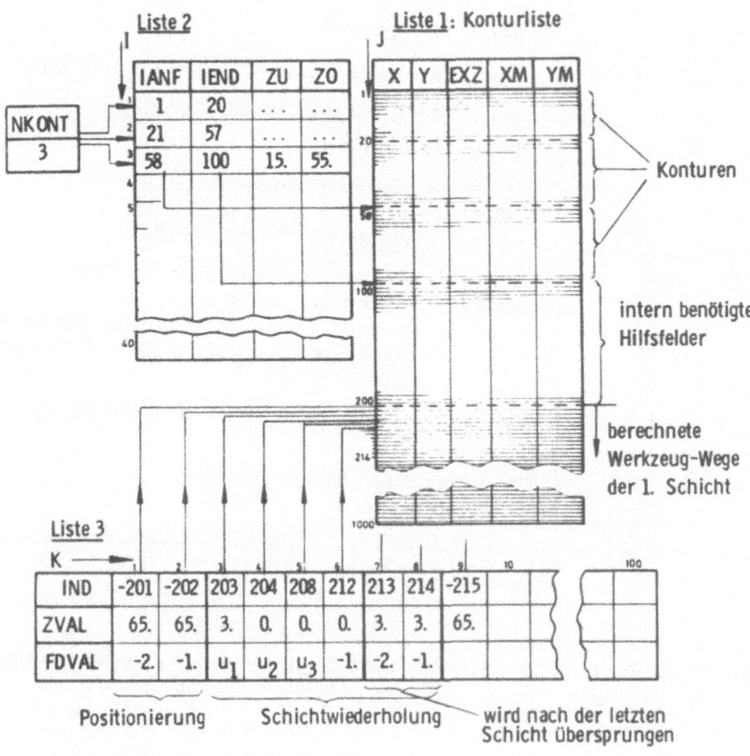

Bild 6-1: Speicherplatzorganisation

LISTE 1 stellt die Konturliste dar, in der die vorgegebenen Konturen und auch die errechneten Werkzeugverfahrwege in einer normierten Form abgespeichert werden. Es sind Geraden- und Kreiselemente beschreibbar. Der Endpunkt jedes Elementes ist durch den Anfangspunkt des in der Konturliste nachfolgenden Elementes gegeben. Der Endpunkt des letzten Konturelementes einer Kontur ist ein zusätzliches Listenelement.

Mehrere Konturen werden in LISTE 1 nacheinander abgespeichert. LISTE 2 gibt für jede Kontur I Auskunft über den Anfangs- und Endindex J in LISTE 1, sowie über deren oberen und unteren Z-Wert (vgl. Kapitel 3.4.1.). Die Z-Werte der berechneten Verfahrwege sowie die den einzelnen Wegelementen zugeordneten Verfahrgeschwindigkeiten werden in LISTE 3 verwaltet.

Beispielsweise haben die Wegelemente 204 ÷ 207 (≙ IND(4) ⟶ IND(5)) in der Konturliste LISTE 1 den in LISTE 3 auf Platz K=4 gespeicherten relativen Z-Wert von 0.0 mm (= ZVAL(4)) und die Vorschubgeschwindigkeit u_2. Das positive Vorzeichen im IND(4)-Feld kennzeichnet den Wert von ZVAL(4)=0.0 als relativen Z-Wert. Der absolute Wert ergibt sich dann aus der aktuellen Schichthöhe ZAKT; hier somit:

$$Z\,(204 \div 207) = ZAKT + ZVAL(4) \qquad (6,1)$$

oder allgemein:

$$Z\,(J) = ZAKT + ZVAL\,(K) \qquad (6,2)$$

für alle J, die der Bedingung genügen:

$$IND\,(K) \leqq J < IND\,(K+1) \qquad (6,3)$$

solange IND (K) positiv ist. Bei negativem IND (K) gilt anstelle von Gleichung (6,2) folgende Beziehung:

$$Z\,(J)\,' = ZVAL\,(K) \qquad (6,4)$$

Zum Kopieren der Schichtverfahrwege reicht es daher aus, unter Beachtung des jeweils aktuellen Schicht-Z-Wertes ZAKT die Zuordnung von LISTE 3 (Spalte 3÷8) und von LISTE 1 (Zeile 203÷214) zu wiederholen.

6.3. Weitere Gesichtspunkte

6.3.1. Rechnergenauigkeit

Besondere Beachtung ist der Rechnergenauigkeit zu widmen. Sie hängt direkt von der Anzahl der 'bit' pro Wort ab. Ist die Genauigkeit zu gering, so kann in FORTRAN mit "Doppelwort" gearbeitet werden. Untersuchungen hierüber führt [37] auf.

Die für ein fertigungstechnisch orientiertes Programmiersystem geforderte Rechnerunabhängigkeit wurde durch strenge Einhaltung der FORTRAN IV ASA -Regeln gewährleistet. Dabei muß in Kauf genommen werden, daß manche Programmteile weniger effektiv laufen, als wenn sie in Assembler-Sprache programmiert wären.

Die in den vorangegangenen Kapiteln besprochenen Rechenverfahren konnten daher auf verschiedenen Wort- und Byte-orientierten Rechenanlagen implementiert werden (UNIVAC 1107 / 1108, CDC 6600, Siemens 4004).

6.3.2. Fehlererkennung

Das Problem der Fehlererkennung wurde bereits an einigen Stellen angesprochen. Eine Differenzierung bezüglich der Gewichtung der Fehler hat sich wie folgt als sinnvoll erwiesen:

Stufe 1:	DIAGNOSTIC	–	warnender Hinweis ohne Programmbeeinflussung,
Stufe 2:	ERROR	–	Fehlermeldung mit Programmabbruch am Ende der Rechnerverarbeitung des jeweiligen Funktionsblocks,
Stufe 3:	FATAL ERROR	–	schwerwiegender Fehler mit sofortigem Abbruch, da ein Weiterrechnen nicht mehr sinnvoll ist.

Der fehlerhafte Sachverhalt ist dem Teileprogrammierer auf der Rechnerliste entweder durch Angabe einer Fehlernummer mitzuteilen, die sich auf ein separates Fehlerverzeichnis bezieht, oder aber die Fehlerursache wird direkt im Klartext ausgedruckt. Beide Methoden wurden verwendet. Die Methode 1 ist sehr sparsam bezüglich Speicherplatz, während die 2. Methode wesentlich benutzerfreundlicher ist, da ein Nachschlagen in Fehlerlisten entfällt.

Soweit es technologisch vertretbar ist, wurden die Programme selbstkorrigierend ausgeführt, indem z.B. fehlende Angaben durch Standardwerte ausgefüllt werden oder falsche Angaben ignoriert werden (z.B. Arbeitsablaufsicherung, vgl. Kapitel 3.4.4.). Hierbei erfolgt eine entsprechende Mitteilung an den Teileprogrammierer auf dem Rechnerausdruck.

7. Zusammenfassung

Mit der Entwicklung eines Programmiersystems für 2 1/2-dimensionales Fräsen unter besonderer Berücksichtigung der Technologie wurde ein Beitrag zur Lösung der Aufgabe geleistet, die Datenverarbeitung nicht nur in der kaufmännischen Anwendung sondern auch im technischen Bereich der industriellen Fertigung rationalisierend einzusetzen. Die Beschränkung auf 2 1/2-dimensionale Bearbeitung ist gerechtfertigt, da der weitaus größte Teil von Fräsaufgaben mit 2 1/2-dimensionaler Bearbeitung durchführbar ist, andererseits aber ein erheblicher Programmieraufwand gegenüber einer Programmiersprache für echt 3-dimensionale Bearbeitung.

Die Erstellung eines solchen Programmiersystems fördert eine Entwicklung, die weit über die eigentliche NC-Programmierung hinaus die Organisation und den Betriebsablauf von der Planung über die Fertigungsvorbereitung und Fertigung bis zur Lagerhaltung rationalisiert. Hieraus ergeben sich wiederum neue Aufgaben für die fertigungsintegrierte Datenverarbeitung. Weitere Möglichkeiten in der Automatisierung folgen aus der vollautomatischen Arbeitsablaufermittlung und Werkzeugauswahl.

Die Forderung nach einer einfachen, zeichnungsgerechten Werkstückbeschreibung ist mit den vorgeschlagenen Beschreibungsverfahren einschließlich der Macro-Programmierung erfüllt und bringt damit erhebliche wirtschaftliche Vorteile für die Fertigungsvorbereitung.

Die in Schnittaufteilung und Bahnzerlegung gegliederten Methoden zur Fräserwegberechnung mit kollisionsgeprüfter, automatischer Positionierung gewährleisten durch Verkürzung der Hauptzeiten eine optimale Ausnutzung der NC-Maschine. Durch die Bestimmung der jeweiligen Fräsereingriffsverhältnisse wird unter Verwendung eines Schnittwertmodells [42], insbesondere bei der Schruppbearbeitung, die zur Verfügung stehende

Maschinenleistung unter Berücksichtigung der gegebenen Werkstück- und Werkzeugparameter bestmöglich ausgenützt.

Mit dem Postprocessor-Funktionsunterblock CHACOR wurde ein Programmierverfahren geschaffen, das es erlaubt, die Möglichkeiten der 2 1/2-dimensionalen Fräsbearbeitung unabhängig von der Achszuordnung grundlegend zu erweitern. Die enge Verbindung der Achsumschaltung mit der in Kapitel 3.4.2. beschriebenen Schnittaufteilung und den Möglichkeiten der Macro-Bibliothek ermöglichen eine besonders wirtschaftliche Anwendung.

Der Einsatz des für den Zeilendrucker entwickelten GEAK-Programmpakets für Projektionsdarstellungen schließt die Lücke der graphischen Datenkontrolle im Bereich der NC-Programmierung.

Die zur Lösung der vorliegenden Aufgabe erstellten Programme und die Methoden der Datenorganisation und Rechenverfahren nehmen einen beträchtlichen Umfang ein; sie konnten im Rahmen dieser Arbeit jedoch nur beispielhaft an einigen Stellen angedeutet werden.

Die Entwicklung des 'compilers' kann jedoch nicht als abgeschlossen gelten. Wie jede 'soft-ware'-Entwicklung laufenden Änderungen unterliegt, gilt es nun, die programmierten Verfahren auf einer breiten Basis in der Industrie zu erproben und neuen Erkenntnissen in der Fertigung anzupassen. Methoden zur automatisierten Programmierung müssen noch weiter optimiert werden. Ebenso ist der Entwicklung auf dem Computer-Sektor Rechnung zu tragen. Hierzu gehört insbesondere die Anwendung des aktiven Bildschirms 'interactiv control', sowie die Datenfernübertragung - nicht zuletzt im Dialogverkehr.

Berichte aus dem Institut für Steuerungstechnik der Werkzeugmaschinen und Fertigungseinrichtungen der Universität Stuttgart

---

Herausgegeben von Prof. Dr.-Ing. G. Stute

ISW 1 **Numerische Bahnsteuerung**

Beitrag zur Informationsverarbeitung und Lageregelung.

Von Dr.-Ing. **Dietmar Schmid,**
1972, 89 S. mit 44 Bildern

ISBN 3-540-05834-6, ISBN 0-387-05834-6

Kart. DM 24.–

ISW 2 **Fräsbearbeitung gekrümmter Flächen**

Flächenbeschreibung, Programmierung und Fertigung

Von Dr.-Ing. **Horst Schwegler,**
1972, 111 S. mit 36 Bildern

ISBN 3-540-05835-4, ISBN 0-387-05835-4

Kart. DM 24.–

ISW 3 **Numerisch gesteuerte Mehrachsenfräsmaschinen**

Fräsbahnabweichungen aufgrund der Kinematik und Interpolation.

Von Dr.-Ing. **Jörg Eisinger,**
1972, 90 S. mit 45 Bildern

ISBN 3-540-05836-2, ISBN 0-387-05836-2

Kart. DM 24.–

ISW 4	**Rechnersteuerung von Fertigungseinrichtungen** Beitrag zur Automatisierung der Fertigung durch den Einsatz von Digitalrechnern. Von Dr.-Ing. **Rainer Nann,** 1972, 125 S. mit 45 Bildern ISBN 3-540-05911-3, ISBN 0-387-05911-3 Kart. DM 36.–
ISW 5	**Zweiachsige Nachformeinrichtungen** Untersuchung der Lageregelung bei einem stetigen System. Von Dr.-Ing. **Gerhard Augsten,** 1972, 120 S. mit 60 Bildern ISBN 3-540-05912-1, ISBN 0-387-05912-1 Kart. DM 36.–
ISW 6	**Die Automatisierung der Fertigungsvorbereitung durch NC-Programmierung** Von Dr.-Ing. **Bernhard Karl,** 1972, 121 S. mit 44 Bildern ISBN 3-540-05913-X, ISBN 0-387-05913-X Kart. DM 32.–
n Vorbereitung:	**NC-Programmiersystem** Beitrag zur numerischen Verarbeitung eines geometrischen Werkstückbeschreibungssystems Von Dipl.-Ing. **Helmut Eitel,** 1972, 120 S. mit 49 Bildern

Springer-Verlag
Berlin · Heidelberg · New York